电气安装与调试技术

戴姗姗　谢杨春　谭霄峰　著

中国原子能出版社

图书在版编目(CIP)数据

电气安装与调试技术 / 戴姗姗,谢杨春,谭霄峰著.
北京:中国原子能出版社,2024.10.--ISBN 978-7
-5221-3414-7

Ⅰ.TM05
中国国家版本馆 CIP 数据核字第 2024Y753U3 号

电气安装与调试技术

出版发行	中国原子能出版社(北京市海淀区阜成路 43 号 100048)	
责任编辑	王 蕾	
责任印刷	赵 明	
印 刷	北京九州迅驰传媒文化有限公司	
经 销	全国新华书店	
开 本	787 mm×1092 mm 1/16	
印 张	14.75	
字 数	205 千字	
版 次	2024 年 10 月第 1 版	2024 年 10 月第 1 次印刷
书 号	ISBN 978-7-5221-3414-7	定 价 78.00 元

版权所有 侵权必究

前　言

　　电气设备的安装调试是从生产完成到运行的必要阶段,设备的安装质量直接影响设备投入使用后的正常运行。因此,必须高度重视设备的安装调试工作,促进电气设备安装与调试的顺利进行,实现良好的经济效益与社会效益。电气这门学科极具技术性、专业性以及综合性,涉及的内容极为广泛。电气安装及调试是电气工程中的重要内容,技术水平以及管理质量对于电气工程的运行来说有着巨大影响。为了能够更好地保证电气工程的安全性和可靠性,电力企业必须加强电气安装与调试的管理,合理应用安装与调试技术,同时严格控制施工质量。

　　电气安装及调试对于电气工程来说占据重要位置,影响巨大。对此电力企业必须提高重视程度,合理应用电气设备的安装和调试技术,加强技术人员的教育和管理,树立良好的安全施工意识。必须严格按照图纸进行设备安装,规范每一操作环节,保证安装质量;安装完毕之后要做好设备的调试,保证所有的电气设备都能实现安全、稳定地运行,为电气工程建设发展贡献力量。

　　本书从直流电路分析与测试入手,针对三相异步电动机点动和连续运行控制线路的安装与调试、三相异步电动机正反转控制安装与调试进行了分析研究;另外对照明电路安装、单相电机和吊扇的安装与调试、电动机基本控制线路的安装与调试做了一定的介绍;还对安全管理系统设备、其他设备安装与维护、数字电路的基本知识、机床电气控制线路的故障排除以及电气安全应用管理做了简要分析；旨在摸索出一条适合电气安装与调试技术工作创新的科学道路，帮助其工作者在应用中少走弯路，运用科学方法，提高效率。

在本书的撰写过程中，参阅、借鉴和引用了国内外许多同行的观点和成果。各位同仁的研究奠定了本书的学术基础，对电气安装与调试技术研究的展开提供了理论基础，在此一并感谢。另外，受水平和时间所限，书中难免有疏漏和不当之处，敬请读者批评指正。

目　录

第一章 直流电路分析与测试

第一节 常用元器件的识别与常用电工仪表的使用

一、常用元器件的识别

（一）电阻器

电阻主要分为薄膜电阻和线绕电阻两大类。薄膜电阻又可分为碳膜电阻和金属膜电阻两类，其中金属膜电阻应用较为普遍。

1. 电阻器、电位器的型号命名方法

我国规定电阻器和电位器的型号命名由四部分组成。

2. 电阻器的标称值

工厂生产和市场销售的电阻器的阻值是有一定规范的，并非任意阻值都有。

3. 电阻器阻值的标识方法

电阻器的阻值有三种标识方法，即直标法、文字符号法和色标法。

（1）直标法

直标法是用阿拉伯数字和单位符号在电阻器的表面直接标示出标称阻值的标识方法，其允许误差直接用百分数表示。

（2）文字符号法

文字符号法是用阿拉伯数字和文字两者有规律的组合来表示标称阻值的标识方法，其允许偏差也用文字符号表示。文字符号法用 R、K、M、G、T 几个文字表示电阻值的单位。文字符号法组合规律：符号 R（或 K、

M 等)前面的数字表示整数阻值,后面的数字依次表示第一位小数阻值和第二位小数阻值。如 R12 表示 0.12Ω;3R2 表示 3.2Ω;2K7Ω 表示 2.7kΩ;8G2 表示 8.2GΩ(8200MΩ)。

（3）色标法

色标法是用不同颜色的色环或点在电阻器表面标出标称阻值和允许偏差的标识方法。色标由左向右排列,由密的一端读起。普通电阻器用 4 条色环表示标称阻值和允许偏差,第 1 条、第 2 条色环表示电阻的第一、第二位数值,第 3 条色环表示第二位数后面零的个数(即 10 的倍率),第 4 条色环表示允许偏差。精密电阻器用 5 条色环表示标称阻值和允许偏差,其中第 1～3 条色环表示阻值的第一、第二、第三位数值,第 4 条色环表示 10 的倍率,第 5 条色环表示允许偏差。

以上电阻标称阻值的单位是 Ω。例如,4 条色环是黄、紫、红、金,其代表的电阻值为 $4.7 \times (1 \pm 5\%)$ kΩ;5 条色环是棕、黄、黑、棕、棕,其代表的电阻值为 $1.4 \times (1 \pm 1\%)$ kΩ。

4. 电阻器的额定功率

电阻器的额定功率是在规定的环境温度和湿度下,假定周围空气不流动,长期连续负载而不损坏或基本不改变性能的情况下,电阻器上允许消耗的最大功率。当超过额定功率时,电阻器的阻值将发生变化,甚至发热烧毁。为保证安全使用,一般应选用的额定功率要比它在电路中消耗的功率高 1～2 倍。

绕线电阻器的额定功率分为 0.05W、0.125W、0.5W、1W、2W、4W、8W、10W、16W、25W、40W、50W、75W、100W、150W、250W 和 500W;非线绕电阻器的额定功率分为 0.05W、0.125W、0.25W、0.5W、1W、2W、5W、10W、25W、50W 和 100W。

5. 电阻的简单测量

电阻的测量方法很多,常用的方法是用万用表的欧姆挡测量或用电桥测量,一般多用万用表测量。注意:用万用表测量电阻时,不能用双手捏电阻两端,以免将人体电阻并联进去。

6.电位器的读值

电位器的阻值可以从零连续变到标称阻值,它有三个引出接头,两端接头的阻值就是标称阻值。中间接头可随轴转动,使其与两端头之间的阻值发生改变。电位器的型号、标称阻值、功率等都印在电位器外壳上。

标称值读数:第一、第二位数值表示电阻的第一、第二位数,第三位表示倍乘数。例如,20^4 表示 $20 \times 10^4 = 200\text{k}\Omega$;$10^5$ 表示 $10 \times 10^5 = 1\text{M}\Omega$。

(二)电容器

电容器是一种储能元件,在电路中用于调谐、滤波、耦合、旁路、能量转换等。

电容器的分类按照电容器容量是否可变,分为固定电容和可变电容两大类。按照电容器是否有极性,分为有极性电容和无极性电容两大类。极性电容中,用得最多的是电解电容;无极性电容中,用得最多的是瓷片电容。

1.电容器型号命名方法

国家标准 GB 2470—81 中规定了电容器型号命名方法,产品型号由四个部分组成。第一部分表示电容器的主称,以字母 C 表示;第二部分用字母表示电容器的介质材料;第三部分表示产品型号的分类;第四部分表示元件序号。

2.电容器容量的标识

(1)直标法

直标法是指直接在电容器外表标出产品的主要参数和技术性能的标识方法。一般电解电容都直接写出其容量和耐压值。瓷片电容则多用数字来标出容量,如瓷片电容上标出"332"三位数字,前两位数字给出电容量的第一、第二位数字,第三位数字则表示附加上零的个数(即 10 的倍率),以 pF 作为单位。因此,"332"表示电容量为 3300pF;又如"104"表示100000pF,即 $0.1\mu\text{F}$。

(2)色标法

色标法是指以不同颜色的色环或点在电容体上标出产品的主要参

数,这种方法类似于电阻色标法。

3. 电容器质量优劣的简单测试

通常用指针式万用表的欧姆挡就可以简单测量出电解电容的优劣情况,粗略地判断其漏电、容量衰减或失效的情况。具体方法是:选用 RX1K 挡,将黑表笔接电容器的正极,红表笔接电容器的负极,若表针摆动大,且返回慢,返回位置接近 8,说明该电容器正常,且容量大;若表针摆动虽大,但返回时表针显示的欧姆值较小,说明该电容器的漏电较大;若表针摆动很大,接近于 0,且不返回,说明该电容器已被击穿;若表针不摆动,则说明该电容器已开路,失效;如果电容器的容量较小,应选择万用表 R×10K 挡测量。

(三)电感元件

不同种类、不同形状的电感器具有不同的特点和用途。从电感器的电感量是否可变的角度,电感器可分为固定电感器和可变电感器两大类。

1. 电感器的型号及命名方法

电感线圈的命名目前采用汉语拼音或阿拉伯数字串表示。电感器的型号命名包括四个部分,例如 LGX 表示小型高频电感线圈。

2. 电感器的主要参数

(1)电感量

电感量的大小与电感线圈的匝数(或称圈数)、线圈的截面积及内部有无铁芯、磁芯有关。

电感量和标称值之间存在一定的误差,使用时,应根据电路对电感器的要求,选择相应的精度。例如,振荡电路对线圈的要求较高,误差范围一般为 $0.2\%\sim0.5\%$;而对起耦合、阻流作用的线圈要求相对较低,允许误差为 $10\%\sim20\%$。

(2)品质因数(Q)

品质因数是表示电感质量的主要参数,也称为 Q 值。通常,Q 值越大越好。但实际上,Q 值无法做得很高,一般在几十到几百之间。在实际应用中,谐振电路要求线圈的 Q 值要高,这样,线圈的损耗就小,能提高工作性能;用于耦合的线圈,其 Q 值可以低一些;若线圈用于阻流,则基本上不予要求。

3.电感器的识别

目前,我国生产的固定电感器一般采用直标法,而国外的电感器常采用色环标志法。

(1)直标法。直标法是将电感器的主要参数,如电感量、误差等级、最大工作电流等用字符直接标注在电感器的外壳上的一种表示方法。

例如,电感器的外壳上标有 3.9mH、A、Ⅱ,表示其电感量为 3.9mH,最大工作电流为 A 级(50mA),误差为 Ⅱ 级(±10%)。

(2)色标法。色标法是指在电感器的外壳上用不同的色环来标注其主要参数的表示方法,其读法以及数字与颜色的对应关系和色环电阻的标志法相同,单位为微亨(μH)。

例如,某电感器的色环标志依次为棕、红、红、银,则表示其电感量为 $12 \times 102 \mu H$,允许误差为 ±10%。

4.电感器的测量

在测量和使用电感器之前,应先对电感器的外观、结构进行仔细地检查,判断基本正常后,再用万用表或专用仪器做进一步的测量。常用的测量方法有以下几种。

(1)用万用表粗测电感器的好坏。利用万用表的欧姆挡可以测量电感器线圈的直流电阻。若测量出一定的阻值并且在正常范围内,说明该电感器正常;若测得的阻值为无穷大,说明内部线圈开路,电感器已损坏;若测得的阻值偏小或阻值为零,说明内部线圈有短路现象。

(2)用电流电压法测量电感值。该法适用于低频大电感量的测量。L_x 表示待测电感,r 表示待测电感的等效电阻,R 为串联的一个辅助电阻。利用信号发生器提供一频率在 50Hz 左右的正弦电压 U_i,用万用表测出电阻 R 两端交流电压的有效值 U_R 及电感两端交流电压的有效值 U_L,则 L_x 被测电感,可近似用 x,然后按照下式计算:

$$L_x = \frac{U_{L_K} R}{2\pi f} U_R$$

(3)用谐振法测量电感值。该方法是利用 L_c 串联谐振电路或 LC 并联谐振电路,先测出谐振频率,然后按照下式计算电感量:

$$L_x = \frac{1}{(2\pi f_0)^2 C}$$

由于线圈固有电容等因素的影响,该法测得的电感值要比线圈的实际值略大些。

二、常用电工仪表的使用

(一)电压表

用来测量电压的仪表称为电压表。电压表的种类繁多,根据被测电压的大小,可将电压表分为毫伏表、伏特表和千伏表;根据被测电压的性质,可将电压表分为直流电压表和交流电压表;根据测量结果的表示方式,可将电压表分为指针式电压表和数字显示电压表。使用电压表时,应注意以下几点。

1. 电压表类型的选择

测量直流电压时,应选择直流电压表,如磁电系电压表;测量交流电压时,应选择交流电压表,如电磁系电压表。

2. 接线方式

测量时,电压表应与被测电路并联。由于直流电源有正负,因此在接入直流电压表时要注意仪表的极性,当极性接错时,仪表的指针将向相反方向偏转,此时应改变接线。

3. 量程的选择

选择电压表量程时,应使所选量程大于被测电压的值,以免损坏电压表。例如,当供电电压为 380V 或 220V 时,电压表的量程应选择 450V 或 300V。处在不小于电压表满刻度值 2/3 的区域,以提高测量的准确度。

(二)电流表

用来测量电流的仪表称为电流表。根据被测电流的大小,可将电流表分为微安表、毫安表和安培表;根据被测电流的性质,可将电流表分为直流电流表和交流电流表;根据测量结果的显示方式,可将电流表分为指针式电流表和数字式电流表。

使用电流表时,应注意以下几点。

1. 电流表类型的选择

测量直流电流时,应采用直流电流表,如磁电系电流表;测量交流电流时,应采用交流电流表,如电磁系电流表。

2. 接线方式

电流表测电流时,必须串接到被测电路中。

交流电流表一般是电磁系仪表,测量时不分正、负端。而直流电流表使用时,必须注意正、负端的位置,标有"+"的接线端应为电流流入的一端,标有"—"的接线端则为电流流出的一端。如果接错,会使指针反转,可能把指针打弯。

3. 量程的选择

选择电流表量程时,首先应根据被测电流的大小,使所选的量程大于被测电流的大小。若测量前无法判别电流的大小,则应先选用较大的量程测试后,再换适当的量程。为了减小测量误差,选择量程时,还应尽量使指针接近于满刻度值,一般最好工作在不小于满刻度值 2/3 的区域。

(三)万用表

万用表又叫多用表、复用电表,它是一种可测量多种电量的多量程便携式仪表。由于它具有测量种类多、测量范围宽、使用和携带方便、价格低等优点,因而常被用来检验电源或仪器的好坏,检查线路的故障,判别元器件的好坏及数值等,应用十分广泛。

下面以电工测量中常用的 500 型万用表为例,说明其工作原理及使用方法。500 型万用表的表头灵敏度为 $40\mu A$,表头内阻为 3000Ω。

1. 万用表的组成

万用表由表头、测量线路及转换开关三个主要部分组成。

(1)表头。它是一只高灵敏度的磁电式直流电流表,万用表的主要性能指标基本上取决于表头的性能。表头的灵敏度是指表头指针满刻度偏转时流过表头的直流电流值,这个值越小,表头的灵敏度越高。测电压时,其内阻越大,性能就越好。表头上有四条刻度线,它们的意义如下。

刻度一:(从上到下)标有 R 或 Ω,指示的是电阻值,转换开关在欧姆挡时,即读此条刻度线。注:右端为 0,左端为无穷大。其读法是:被测电阻＝指示值×欧姆挡倍数。

刻度二:标有 s 和 VA,指示的是交、直流电压和直流电流值,当转换开关在交、直流电压或直流电流挡量程在除交流 10V 以外的其他位置时,即读此条刻度线。刻度均为 50 个小刻度读法:测量值＝(量程/50)×指针偏转的小刻度。

刻度三:标有 10V,指示的是 10V 的交流电压值,当转换开关在交、直流电压挡,量程在交流 10V 时,即读此条刻度线。

刻度四:标有 dB,指示的是音频电平,准确度较高。

(2)测量线路。测量线路是用来把各种被测量转换到适合表头测量的微小直流电流的电路,它由电阻、半导体元件及电池组成。它能将各种不同的被测量(如电流、电压、电阻等)、不同的量程,经过一系列的处理(如整流、分流、分压等)统一变成一定量限的微小直流电流送入表头进行测量。

(3)转换开关。其作用是用来选择各种不同的测量线路,以满足不同种类和不同量程的测量要求。转换开关一般有两个,分别标有不同的挡位和量程。

2.万用表的使用

(1)熟悉表盘上各符号的意义及各个旋钮和选择开关的主要作用。

(2)进行机械调零。

(3)根据被测量的种类及大小,选择转换开关的挡位及量程,找出对应的刻度线。

(4)选择表笔插孔的位置。

(5)测量电压。测量电压(或电流)时要选择好量程,如果用小量程去测量大电压,则会有烧表的危险;如果用大量程去测量小电压,那么指针偏转太小,无法读数。量程的选择应尽量使指针偏转到满刻度的 2/3 左右。如果事先不清楚被测电压的大小时,应先选择最高量程挡,然后逐渐减小到合适的量程。

(6)测电流。测量直流电流时,将万用表的一个转换开关置于直流电流档,另一个转换开关置于 $50\mu A$ 到 $500mA$ 的合适量程上,电流的量程选择和读数方法与电压一样。测量时必须先断开电路,然后按照电流从"+"到"−"的方向,将万用表串联到被测电路中,即电流从红表笔流入,从黑表笔流出。如果误将万用表与负载并联,则因表头的内阻很小,会造成短路,烧毁仪表。其读数方法为:实际值=指示值×量程。

(7)测电阻。用万用表测量电阻时,应按下列方法操作:①机械调零。②选择合适的倍率挡。万用表欧姆挡的刻度线是不均匀的,所以倍率挡的选择应使指针停留在刻度线较稀的部分为宜,且指针越接近刻度尺的中间,读数越准确。一般情况下,应使指针指在刻度尺的 1/3～2/3 间。③欧姆调零。④表头的读数乘以倍率,就是所测电阻的电阻值。

注意事项:①注意在欧姆表改换量程时,需要进行欧姆调零,无须机械调零。②测电阻时,不能带电测量。因为测量电阻时,万用表由内部电池供电,如果带电测量则相当于接入一个额外的电源,可能损坏表头。③用完后,应使转换开关在交流电压最大档位或空挡上。④选择量程时,要先选大,后选小,尽量使被测值接近于量程。

3.相关知识

(1)电流表使用

电流表测试时必须串接到被测电路中,直流电流表使用时必须注意正、负端的位置,标有"+"的接线端为电流流入一端,标有"−"的接线端则为电流流出一端。选择电流表量程时,应先估算被测电流,按被测电流的大小进行选择,量程应大于被测电流值。为减小误差,选量程时,一般尽量使指针工作于满刻度的 2/3 区域。

(2)电压表的使用

用电压表测量电路电压时,一定要使电压表与被测电压的两端并联,电压表指针所示为被测电路两点间的电压。电压表及其量程的选择方法与电流表相同,量程和仪表的等级要合适。电压表必须与被测电路并联。

直流电压表还要注意仪表的极性,表头的"＋"端接高电位,"－"端接低电位。电压互感器的二次侧绝对不允许短路,二次侧必须接地。

(3)指针式万用表的使用

指针式万用表量程转换开关必须正确放置于被测量电量的挡位,不能放错;禁止带电转换量程开关;切忌用电流挡或电阻挡测量电压。在测量电流或电压时,应先估计被测量电流、电压的大小,然后根据被测量选择适当的量程,若无法估计,则先选最大量程。测量直流电压或直流电流时,必须注意极性,具体情况与上述电流表使用的方法一致。

使用电阻挡测量电阻时不可带电测量,必须将被测电阻与电路断开;使用欧姆挡时换挡后须重新调零。

(4)电阻、电容、电感器的识别与检测

电阻器的参数识别法分别有直标法、文字符号法和色标法,简单的测量方法可用万用表欧姆挡测量;电容器的参数的识别方法有直标法、文字符号法、色标法,用万用表欧姆挡判断电容器质量;电感器参数的识别方法有直标法和色标法,用万用表欧姆挡判断电感器质量。

第二节　直流电路的组成及电路模型

一、电路及基本物理量

(一)电路的组成及功能

电路是为了某种需要而将某些电工设备或元件按一定方式组合起来的电流通路,由电源、负载和中间环节(导线和控制器件)三部分组成。

电源是提供电能的设备,其作用是将其他形式的能量转换为电能,如干电池、发电机等。

负载是用电设备,其作用是将电能转换为其他形式的能量,如电灯、电炉、电机等。中间环节在电路中起传递、分配和控制电能的作用,如开关和连接导线。

电路的主要功能及目的有:①进行能量的转换、传输和分配;②实现信号的传递、存储和处理。

直流电路是电压和电流的大小及方向不随时间变化的电路。交流电路是电压和电流的大小及方向随时间变化的电路。

(二)电流

电荷的定向移动形成电流。电流大小表示为单位时间内通过导体截面的电量。

正电荷运动方向规定为电流的实际方向。电流的方向用箭头或双下标变量表示。任意假设的电流方向称为电流的参考方向。如果电路中计算求出的电流值为正,说明参考方向与实际方向一致,否则说明参考方向与实际方向相反。

电流的单位是安培,简称安(A),还有毫安(mA)、微安(μA)。1A＝10^3mA＝$10^6\mu$A。

(三)电压、电位和电动势

(1)电压:电路中 a、b 两点间的电压定义为单位正电荷由 a 点移至 b 点电场力所做的功。

(2)电位:电路中某点的电位定义为单位正电荷由该点移至参考点电场力所做的功。

电路中 a、b 两点间的电压等于 a、b 两点间的电位差,即:

$$\begin{cases} U_{ab}=W/Q \\ U_{ab}=V_a-V_b \end{cases}$$

电压的实际方向规定由电位高处指向电位低处。与电流方向的处理方法类似,可任选一方向为电压的参考方向。电压用大写字母 U 表示,单位为伏特,简称伏(V),也可用千伏(kV)、毫伏(mV)、微伏(pV)。1kV＝10^3mV＝$10^6\mu$V。

对一个元件,电流参考方向和电压参考方向可以相互独立地任意确定,但为了方便起见,常常将其取为一致,称关联方向;如不一致,称非关联方向。如果采用关联方向,在标示时标出一种即可;如果采用非关联方向,则必须全部标示。

(3)电动势:是衡量外力即非静电力做功能力的物理量。外力克服电场力把单位正电荷从电源的负极搬运到电源正极所做的功,称为电源的电动势。电动势的实际方向与电压的实际方向相反,规定由负极指向正极。电动势单位是 V。

(四)电功率

电场力在单位时间内所做的功称为电功率,简称功率。功率与电流、电压的关系:关联方向时,$P=UI$;非关联方向时,$P=-UI$。$P>0$ 时吸收功率,$P<0$ 时放出功率。

二、电路模型

(一)电路模型的概念

为了便于对电路进行分析计算,常常将实际电路元件理想化,也称模型化,即在一定条件下突出其主要的电磁性质,忽略次要的因素,用一个足以表征其主要特性的理想元件近似表示。由理想电路元件所组成的电路,称为电路模型。常见的电路元件有电阻元件、电容元件、电感元件、电压源及电流源。

电路元件在电路中的作用或者说它的性质是用其端点的电压、电流关系即伏安关系来决定的。

(二)理想电路元件

1. 电阻元件

电阻元件是一种消耗电能的元件。

伏安关系(欧姆定律):关联方向时,$u=Ri$;非关联方向时,$u=-Ri$。

2. 电感元件

电感元件是一种能够贮存磁场能量的元件,是实际电感器的理想化模型。

只有电感上的电流变化时,电感两端才有电压。在直流电路中,电感上即使有电流通过,但 $u=0$,相当于短路。L 称为电感元件的电感,单位是亨利(H)。

3. 电容元件

电容元件是一种能够贮存电场能量的元件,是实际电容器的理想化模型。

只有电容上的电压变化时,电容两端才有电流。在直流电路中,电容上即使有电压,但 $i=0$,相当于开路,即电容具有隔直作用。C 称为电容元件的电容,单位是法拉(F)。

(三)电阻的串联、并联

简单电路就是可以利用电阻串、并联方法进行分析的电路。应用这种方法对电路进行分析时,先利用电阻串、并联公式求出该电路的总电阻,然后根据欧姆定律求出总电流,最后利用分压公式或分流公式计算出各个电阻的电压或电流。利用分压公式或分流公式计算出各个电阻的电压或电流。

1.电阻的串联电路

n 个电阻串联可等效为一个电阻,即:$R=R1+R2+R3+R4+\cdots+Rn$

分压公式:

$$U_n=R_nI=\frac{R_n}{R}U$$

2.电阻的并联电路

n 个电阻并联可等效为一个电阻,即:

$$\frac{1}{R}=\frac{1}{R_1}+\frac{1}{R_2}+\frac{1}{R_3}+\cdots+\frac{1}{R_n}$$

分流公式:

$$I_n=\frac{U}{R_n}=\frac{R}{R_n}I$$

(四)两种理想电源的电路模型

电路中的耗能器件或装置中有电流流动时,会不断消耗能量,电路中必须有提供能量的器件或装置—电源。

(1)直流电源:蓄电池、直流发电机、直流稳压电源、直流稳流电源等。

(2)交流电源:正弦交流电源、交流稳压电源、产生多种波形的各种信号发生器等。

为了得到各种实际电源的电路模型,定义两种理想的电路元件——理想电压源和理想电流源。

1. 理想电压源

(1)理想电压源定义

不管外部电路如何,其两端电压总能保持定值或一定的时间函数的电源定义为理想电压源。

(2)理想电压源的特点

①对任意时刻 t1,理想电压源的端电压与输出电流的关系曲线(称伏安特性)是平行于 I 轴、大小为 Us 的直线。

②由伏安特性可进一步看出,理想电压源的端电压与流经它的电流方向、大小无关。

③理想电压源的端电压由自身决定,而流经它的电流由它及外电路共同决定,或者说它的输出电流随外电路变化。电流可以从不同的方向流过电源,因此理想电压源可以对电路提供能量(起电源作用),也可以从外电路接收能量(当成其他电源的负载),这要看流经理想电压源电流的实际方向。理论上讲,在极端情况下,理想电压源可以供出无穷大能量,也可以吸收无穷大能量。

2. 理想电流源

(1)理想电流源定义

不管外部电路如何,其输出电流总能保持定值或一定的时间函数的电源定义为理想电流源。

(2)理想电流源的特点

①对任意时刻 t1,理想电流源的伏安特性是平行于 U 轴、大小为 I 的直线。

②由理想电流源伏安特性可进一步看出,理想电流源发出的电流 I(t)=Is 与其两端电压大小、方向无关,即使两端电压为无穷大也是如此。如果理想电流源 Is=0 则伏安特性为 U-I 平面上的电压轴,相当于开路。

③理想电流源的输出电流由它本身决定,而它两端电压由其本身的输出电流与外部电路共同决定。

(五)两种实际电源的电路模型

一个实际电源可用理想电压源 US 和内阻 R0 串联或理想电流源 Is

和内阻 R0 并联的方式表示。

实际使用电源时,应注意以下三点:

(1)实际电工技术中,实际电压源简称电压源,常指相对负载而言具有较小内阻的电压源;实际电流源简称电流源,常指相对于负载而言具有较大内阻的电流源。

(2)实际电压源不允许短路,由于一般电压源的 R0 很小,短路电流很大,会烧毁电源。实际电压源平时不使用时,应开路放置,此时电流为零,不消耗电源的电能。

(3)实际电流源不允许开路处于空载状态。空载时,电源内阻把电流源的能量消耗掉,而电源对外没送出电能。实际电流源平时不使用时,应短路放置,因实际电流源的内阻一般都很大,电流源被短路后,通过内阻的电流很小,损耗很小;而外电路上短路后电压为零,不消耗电能。

(六)实际电压源与实际电流源模型等效互换

一个实际电源的外特性是客观存在的,用表示实际电源的两种模型都能反映实际电源的外特性,就是说它们可以反映同一个实际电源的外特性,只是表现形式不同而已,因而两种电源模型在一定条件下是可以互为等效的。电压源与电流源等效的条件是:保持端口伏安关系相同。

电源互换等效时的注意事项:

(1)电源互换是电路等效变换的一种方法。

(2)有内阻 R0 的实际电源,它的电压源模型与电流源模型之间可以互换等效;理想的电压源与理想的电流源之间不便互换。

(3)电源互换等效的方法可以推广运用,如果理想电压源与外接电阻串联,可把外接电阻看成内阻,即可互换为电流源形式。如果理想电流源与外接电阻并联,可把外接电阻看成内阻,互换为电压源形式。电源互换等效过程中要特别注意等效端子。

等效变换的注意事项:

(1)"等效"是指"对外"等效(等效互换前后对外伏安特性一致)。

(2)注意转换前后 Us 与 Is 的方向。

(3)理想电压源和理想电流源不能互换。

（4）进行电路计算时,恒压源串电阻和恒流源并电阻两者之间均可等效变换。R0 和 R'0 不一定是电源内阻。

第三节　直流电路的分析与测试

一、基尔霍夫定律

电路的基本规律包括两方面的内容:一是由于元件的相互连接给元件的电流之间和元件的电压之间带来的约束,也就是电路整体应服从什么规律。电路的整体规律就是基尔霍夫定律。基尔霍夫定律是分析任何集总参数电路的根本依据,包括电流定律和电压定律。基尔霍夫电流定律描述电路中各电流的约束关系,基尔霍夫电压定律描述电路中各电压的约束关系。二是由元件自身的特性造成的约束,即每个元件上的电压与电流自身存在一定的关系,称为元件约束,即伏安关系,它仅与元件性质有关。

(一)电路的名词概念

（1）支路:一个二端元件或多个二端元件串联组成电路中的每一个分支,一条支路流过一个电流,称为支路电流。

（2）节点:三条或三条以上支路的公共连接点。

（3）回路:由支路组成的闭合路径。

（4）网孔:内部不含支路的回路。

(二)基尔霍夫电流定律

KCL 是描述电路中与节点相连的各支路电流间相互关系的定律。它是电荷守恒原则的体现。

1. KCL 定律的基本内容

对于集总参数电路的任意节点,在任意时刻流出该节点的电流之和等于流入该节点的电流之和。即对于集总参数电路中的任意节点,在任意时刻,流出或流入该节点电流的代数和等于零。如果连接到某节点有 m 个支路,第 k 条支路的电流为 Ik(t),k＝1,2,…,m,则 KCL 可写为:

$$\sum_{k=1}^{m} = I_k(t) = 0$$

KCL 是电荷守恒定律和电流连续性在集总参数电路中任一节点处的具体反映。所谓电荷守恒定律,即电荷既不能创造,也不能消灭。

基于这条定律,对集总参数电路中某一支路的横截面来说,其"收支"是完全平衡的。即流入横截面多少电荷,即刻又从该横截面流出多少电荷,dq/dt 在一条支路上应处处相等,这就是电流的连续性。

对于集总参数电路中的节点,在任意时刻 t,其"收支"也是完全平衡的,所以 KCL 是成立的。

2. 注意事项

①KCL 具有普遍意义,它适用于任意时刻和任何激励源(直流、交流或其他任意变动激励源)情况的一切集总参数电路。

②应用 KCL 列写节点或闭曲面电流方程时,首先要设出每一支路电流的参考方向,然后依据参考方向是流入或流出取号(流出者取正号,流入者取负号,或者反之)列写出 KCL 方程。

③KCL 与元件的性质无关。

(三)基尔霍夫电压定律

电路中各元件间有能量交换发生,电路必须遵守能量守恒法则。若在某段时间内电路中某个元件得到能量,则其他元件的能量必定减少,以保持能量的"收支"平衡。

KVL 的实质反映了集总参数电路遵从能量守恒定律,或者说,它反映了保守场中做功与路径无关的物理本质。从电路中电压变量的定义容易理解 KVL 的正确性。如果自 a 点出发移动单位正电荷,沿着组成回路的各支路又"走"回到 a 点,相当于求电压 Uaa,显然应是 Va - Va = 0。KVL 不仅适用于电路中的具体回路,对于电路中任一假想的回路,它也是成立的。

1. KVL 定律的基本内容

对任何集总参数电路,在任意时刻,沿任意闭合路径巡回,各段电路电压的代数和恒等于零。其数学表示式为:

$$\sum_{k=1}^{m} U_k(t) = 0$$

式中：$U_k(t)$代表回路中第 k 个元件上的电压，m 为回路中包含元件的个数。

2. KVL 注意事项

①KVL 适用于任意时刻及任意激励源情况的一切集总参数电路。

②应用 KVL 列回路电压方程时，首先假设回路中各元件（或各段电路）上电压参考方向，然后选一个绕行方向（顺时针或逆时针均可），自回路中某一点开始，按所选绕行方向沿着回路"绕行"一圈。"绕行"的过程中遇各元件取号法则是："绕行"方向与元件上电压参考方向一致端取正号，反之取负号。或者设电压降为正，则电压升为负。

③KVL 与元件的性质无关，在列写 KVL 方程时有两套符号。

二、叠加定理

在多个电源同时作用的线性电路中，任何支路的电流或任意两点间的电压，都是各个电源单独作用时所得结果的代数和。单独作用是指一个电源作用，其余电源不作用（值为零）。对电压源而言，电源不起作用相当于电源短路；对电流源而言，电源不起作用相当于电源开路。

"恒压源不起作用"即"令其等于 0"，即将此恒压源去掉，代之以导线连接。"恒流源不起作用"或"令其等于 0"，即将此恒流源去掉，使电路开路。

应用叠加定理要注意的问题：

(1)叠加定理只适用于线性电路（电路参数不随电压和电流的变化而改变）。

(2)叠加时只将电源分别考虑，电路的结构和参数不变。暂时不予考虑的恒压源应予以短路，即令 U＝0；暂时不予考虑的恒流源应予以开路，即令 Is＝0。

(3)解题时要标明各支路电流、电压的正方向。原电路中各电压、电流的最后结果是各分电压、分电流的代数和。

(4)叠加定理只能用于电压或电流的计算，不能用来求功率，即功率不能叠加。

（5）运用叠加定理时也可以把电源分组求解，每个分路的电源个数可能不止一个。

三、戴维南定理

任何线性有源二端网络可以用电压源模型等效，该等效电压源的电压等于有源二端网络的开端电压；等效电压源的内阻等于有源二端网络相应无源二端网络的输入电阻。

所谓二端网络，就是指具有两个出线端的电路，含电源的二端网络称有源二端网络，无电源的则称为无源二端网络。

无源二端网络的等效电阻指原有源二端网络中所有理想电源均除去网络两端的等效电阻。除去理想电压源，即 Us 等于 0，即理想电压源处短路；除去理想电流源，即 Is 等于 0，即理想电流源处开路。

第二章 三相异步电动机点动和连续运行控制线路的安装与调试

第一节 电动机点动控制线路安装与调试

一、刀开关

刀开关又称闸刀开关,是结构最简单、应用最广泛的一种手控电器。刀开关在低压电路中用于不频繁地接通和分断电路,或用于隔离电路与电源,故又称"隔离开关"。

(一)刀开关的分类

刀开关按极数分有单极、双极和三极;按结构分有平板式和条架式;按操作方式分有直接手柄操作式、杠杆操作机构式、旋转操作式和电动操作机构式。除特殊的大电流刀开关有些采用电动操作方式外,其他的都采用手动操作。

(二)刀开关的结构和安装

刀开关由绝缘底板、静插座、手柄、触刀和铰链支座等部分组成。推动手柄使触刀绕铰链支座转动,就可将触刀插入静插座内,电路就被接通。若使触刀绕铰链支座做反向转动,脱离插座,电路就被切断。

刀开关在分断有负载的电路时,其触刀与插座之间会产生电弧。为此采用速断刀刃的结构,使触刀迅速拉开,加快分断速度,保护触刀不被电弧所灼伤。对于大电流刀开关,为了防止各极之间发生电弧闪烁,导致电源相间短路,刀开关各极间设有绝缘隔板,有的设灭弧罩。

刀开关应垂直安装在开关板上,使静插座位于上方,应将电源进线接在静插座上,用电设备应接在动触点一边的出线端,这样刀开关断开时,闸刀和熔丝均不带电,以保证更换熔丝时的安全。如果静插座位于下方,则闸刀开关打开时,如果支座松动,闸刀在自重的作用下向下掉落而发生误动作,会造成严重事故。

刀开关用于隔离电源时,合闸顺序是先合上刀开关,再合上其他用以控制负载的开关,分闸顺序则相反。

(三)刀开关的选用原则

刀开关的主要功能是隔离电源。在满足隔离功能要求的前提下,选用的主要原则是保证其额定绝缘电压和额定工作电压不低于线路的相应数据,额定工作电流不小于线路的计算电流。

二、空气断路器

空气断路器,也称空气开关,是一种常用的低压保护电器,当线路发生短路、过载、欠压时,它能自动跳闸,切断电源,从而有效地保护设备免受损坏或防止事故扩大。

空气断路器中有两种脱扣器,一种是过电流脱扣器(又称延时脱扣器),由双金属片机构组成,用于过载保护,有 A、B 两种系列;另一种是瞬时脱扣器,由电磁机构组成,用于短路瞬时保护,有 C、D 两种系列。其中,C、D 系列应用较多,两个系列的短路动作电流分别是额定电流的 5～10 倍和 10～14 倍。C 系列适用于过载能力差的照明电路,一旦发生短路故障,尽可能优先跳闸,以降低损失。D 系列适用于过载能力强的动力配电系统,如机械设备、电动机等。动力配电系统的启动电流可达正常工作电流的 4～8 倍,如果用 C 系列断路器,启动瞬间就满足了短路跳闸的条件,这样将会引起断路器的误动作。

空气断路器的选择依据是额定电流,目前照明电路使用 DZ 系列的空气断路器,常见的有 C16、C25、C32、C40、C60、C80、C100、C120 等型号。动力配电系统常见的型号有 D20、D32、D50、D63、D80、D100、D125、

D160、D250、D400、D600、D800、D1000 等（单位 A）。

例如，小型断路器 DZ47－63D40，DZ 表示塑料外壳式断路器；47 表示设计代号；63 表示壳架等级额定电流最大 63A；D 表示 D 系列（动力配电）；40 表示额定电流 40A，是指断路器的脱扣电流，即起跳电流。

DZ47－63 的额定电流包括 5A、10A、16A（15A）、20A、25A、32A（30A）、40A、50A、60A（63A）。

额定电流如果选择偏小，则断路器易频繁跳闸，引起不必要的停电；如果选择过大，则达不到预期的保护效果。对于照明电路，可按负载电流的 1.1 倍选择；对于动力配电系统，可按负荷电流的 1.25～1.4 倍选择；对于混合负荷，可按负荷电流的 1.15～1.25 倍选择。

三、接触器

接触器是一种适用于在低压配电系统中远距离控制，频繁操作交、直流主电路及大容量控制电路的自动控制开关电器，主要应用于自动控制交、直流电动机，电热设备，电容器组等，应用十分广泛。

接触器具有强大的执行机构、大容量的主触点及迅速熄灭电弧的能力。当系统发生故障时，能根据故障检测元件所给出的动作信号，迅速、可靠地切断电源，并有低压释放功能。与保护电器组合可构成各种电磁启动器，用于电动机的控制及保护。

接触器的分类有几种不同的方式，如按操作方式分，有电磁接触器、气动接触器和电磁气动接触器；按灭弧介质分，有空气电磁式接触器、油浸式接触器和真空接触器等；按主触点控制的电流种类分，又有交流接触器、直流接触器、切换电容接触器等。另外还有建筑用接触器、机械联锁（可逆）接触器和智能化接触器等。建筑用接触器的外形结构与模数化小型断路器类似，可与模数化小型断路器一起安装在标准导轨上。其中应用最广泛的是空气电磁式交流接触器和空气电磁式直流接触器，习惯上简称为交流接触器和直流接触器。

以下以交流接触器为例来介绍接触器的相关知识。

(一)交流接触器的组成

1.电磁机构

电磁机构用来操作触点的闭合和分断,它由静铁芯、线圈和动铁芯(衔铁)三部分组成。交流接触器的电磁系统有两种基本类型,即衔铁做绕轴运动的拍合式电磁系统和衔铁做直线运动的直线运动式电磁系统。交流电磁铁的线圈一般采用电压线圈(直接并联在电源电压上的具有较高阻抗的线圈)通以单相交流电,为减少交变磁场在铁芯中产生的涡流与磁滞损耗,防止铁芯过热,其铁芯一般用硅钢片叠铆而成。因交流接触器励磁线圈电阻较小(主要由感抗限制线圈电流),故铜损引起的发热不多,为了增加铁芯的散热面积,线圈一般做成短而粗的圆筒形。

2.主触点和灭弧装置

主触点用以通断电流较大的主电路,一般由接触面积较大的常开触点组成。交流接触器在分断大电流电路时,往往会在动、静触点之间产生很强的电弧,因此,容量较大(20A以上)的交流接触器均装有灭弧罩,有的还有栅片或磁吹灭弧装置。

3.辅助触点

辅助触点用以通断小电流的控制电路,它由常开触点和常闭触点成对组成。辅助触点不装设灭弧装置,所以它不能用来分合主电路。

4.反力装置

由释放弹簧和触点弹簧组成,且它们均不能进行弹簧松紧的调节。

5.支架和底座

用于接触器的固定和安装。

(二)交流接触器的动作原理

当交流接触器线圈通电后,在铁芯中产生磁通,由此在衔铁气隙处产生吸力,使衔铁产生闭合动作,主触点在衔铁的带动下也闭合,于是接通了主电路。同时衔铁还带动辅助触点动作,使原来打开的辅助触点闭合,并使原来闭合的辅助触点打开。当线圈断电或电压显著降低时,吸力消失或减弱,衔铁在释放弹簧的作用下打开,主、副触点又恢复到原来状态。

(三)接触器的型号含义

目前我国常用的交流接触器主要有 CJ20、CJXI、CJXZ、CJ12 和 CJ10 等系列,引进产品应用较多的有德国 BBC 公司制造技术生产的 B 系列、德国 SIEMENS 公司的 3TB 系列、法国 TE 公司的 LCI 系列等。

例如,CJX1－16/22220V,CJ 表示交流接触器;X 表示小型;1 表示设计序号;16 表示额定工作电流 16A;22 表示两对常开辅助触点 2N0,一般是标注尾号为 3 和 4 的触点,例如 23 和 24,两对常闭辅助触点 2NC,标注尾号是 1 和 2 的触点,例如 11 和 12;220V 是指接触器线圈的工作电压是 220V。

CJ10－20,CJ 表示交流接触器;10 表示设计序号;20 表示主触点额定工作电流 20A。

(四)交流接触器的选择

(1)接触器的类型选择:根据接触器所控制的负载性质来选择接触器的类型。

(2)额定电压的选择:接触器的额定电压应大于或等于负载回路的电压。

(3)额定电流的选择:接触器的额定电流应大于或等于被控回路的额定电流。

(4)接触器线圈的额定电压选择:接触器线圈的额定电压应与所接控制电路的电压相一致。

(5)接触器的触点数量、种类选择:触点数量和种类应满足主电路和控制线路的要求。

四、熔断器

熔断器是一种应用广泛、简单而有效的保护电器。在使用中,熔断器中的熔体(也称为保险丝)串联在被保护的电路中,如果通过熔体的电流达到或超过了某一值,则在熔体上产生的热量便会使其温度升高到熔体的熔点,导致熔体自行熔断,达到保护的目的。

熔断器熔体中的电流为熔体的额定电流(长时间通过熔体而熔体不熔断的最大电流)时,熔体长期不熔断;当电路发生严重过载时,熔体在较短时间内熔断;当电路发生短路时,熔体能在瞬间熔断。熔体的这个特性称为反时限保护特性,即电流为额定值时长期不熔断,过载电流或短路电流越大,熔断时间越短。由于熔断器对过载反应不灵敏,故不宜用于过载保护,主要用于短路保护。

(一)熔断器的结构及符号

熔断器主要由熔体和安装熔体的熔管或熔座两部分组成。熔体由熔点较低的材料如铅、锌、锡及铅锡合金做成丝状或片状。熔管是熔体的保护外壳,由陶瓷、绝缘刚纸或玻璃纤维制成,在熔体熔断时兼起灭弧作用。常用的熔断器有瓷插式和螺旋式两种。

(二)熔断器的选择

熔断器的选择主要是选择熔断器的种类、额定电压、额定电流和熔体的额定电流等。熔断器的种类主要由电气控制系统整体设计时确定,其额定电压应大于或等于实际电路的工作电压,额定电流应大于或等于熔体的额定电流。

(三)熔断器的型号含义

例如,RC1A—15/10,表示瓷插式熔断器,设计序号为1A,熔断器额定电流15A,熔体额定电流10A。RL1—15/6,表示螺旋式熔断器,设计序号为1,熔断器额定电流15A,熔体额定电流8A。RT0—400/300,表示有填料密封管式熔断器,设计序号为0,熔断器额定电流400A,熔体额定电流300A。

五、按钮

按钮是一种典型的主令电器,是常用来接通或断开控制电路(其中电流很小),从而达到控制电动机或其他电气设备运行目的的一种开关。

按钮由按键、可动触点、固定触点、复位弹簧和按钮壳组成。固定触点两端是电路中的两个接线端。

启动按钮为常开触点,按键被按下前,电路是断开的,按键被按下后,克服弹簧力带动可动触点运动,常开触点被连通,电路也被接通;松开按键,弹簧回位,按钮恢复到断开状态。启动按钮一般用绿色按钮。

停止按钮为常闭触点,按键被按下前,触点是闭合的,按键被按下后,克服弹簧力带动可动触点运动,常闭触点被断开,电路也被分断;松开按键,弹簧回位,按钮恢复到闭合状态。停止按钮一般用红色按钮。

六、电动机的分类及铭牌识读

(一)电动机的分类

电动机是把电能转换成机械能的一种设备,它是利用通电线圈产生旋转磁场并作用于转子形成磁电动力旋转扭矩,通过电动机输出轴输出动力。电动机按工作电源种类划分,有直流电动机和交流电动机。直流电动机按结构及工作原理划分,有无刷直流电动机和有刷直流电动机。交流电动机可分为同步电动机和异步电动机。同步电动机可分为永磁同步电动机、磁阻同步电动机和磁滞同步电动机。异步电动机可分为感应电动机和交流换向器电动机。感应电动机又分为三相异步电动机、单相异步电动机和罩极异步电动机等。工业生产中应用最广泛的就是三相异步电动机。

(二)三相异步电动机的铭牌

铭牌又称标牌,主要用来记载生产厂家及额定工作情况下的一些技术数据,是选择、安装、使用和修理电动机的重要依据。

1. 型号(Y—112—M—4)

Y为电动机的系列代号,是指全封闭自冷式鼠笼型三相异步电动机,112为机座底平面至输出转轴的中心高度(mm),M为机座类别(L为长机座,M为中机座,S为短机座),4为磁极数。

2. 额定功率(4.0kW)

额定功率是指电动机在额定工况(额定电压、额定频率)下运行时,转轴上输出的机械功率,用表示,以千瓦(kW)或瓦(W)为单位。

3. 额定电压(380V)

额定电压是指接到电动机绕组上的线电压,用 UN 表示。三相电动机要求所接的电源电压值的变动一般不应超过额定电压的±5%。电压过高,电动机容易烧毁;电压过低,电动机难以启动,即使启动后电动机也可能带不动负载,容易烧坏。

4. 额定电流(8.8A)

额定电流是指三相电动机在额定电源电压下,输出额定功率时,流入定子绕组的线电流,用 IN 表示,以安(A)为单位。若超过额定电流过载运行,三相电动机就会过热乃至烧毁。三相异步电动机的额定功率与其他额定数据之间有以下关系式:$P_N = 3U_NI_N\cos\varphi_N\eta_N$。式中,$\cos\varphi_N$——功率因数,一般为 0.7~0.9;$\eta_N$——额定效率,一般为 75%~92%。

5. 额定频率(50Hz)

额定频率是指电动机所接的交流电源每秒钟内周期变化的次数,用 fN 表示。我国规定,标准电源频率为 50Hz。

6. 额定转速(1440r/min)

额定转速表示三相电动机在额定工作情况下运行时每分钟的转速,用 nN 表示,一般略小于对应的同步转速 n1。如 n1 = 1500r/min,则 nN=1440r/min。

7. 绝缘等级(B 级)

绝缘等级是指三相电动机所采用的绝缘材料的耐热能力,它表明三相电动机允许的最高工作温度,其与电动机绝缘材料所能承受的温度有关。A 级绝缘为 105℃,E 级绝缘为 120℃,B 级绝缘为 130℃,F 级绝缘为 155℃,H 级绝缘为 180℃。

8. 接法(△)

三相电动机定子绕组的连接方法有星形(Y)和三角形(△)两种。定子绕组只能按规定方法连接,不能任意改变接法,否则会损坏三相电动机。

9. 防护等级（IP44）

防护等级表示三相电动机外壳的防护等级，其中 IP 是防护等级标志符号，其后面的两位数字分别表示电动机防固体和防水能力。数字越大，防护能力越强，如 IP44 中第一位数字"4"表示电动机能防止直径或厚度大于 1mm 的固体进入电动机内壳，第二位数字"4"表示能承受任何方向的溅水。

10. 噪声等级（LW82dB）

在规定安装条件下，电动机运行时噪声不得大于铭牌值。

11. 工作制（S1）

电动机的工作制表明电动机在不同负载下的允许循环时间，共分为 10 类，即 S1～S10。S1 为连续工作制，S2 为短时工作制，S3 为断续周期工作制，S4 为启动的断续周期工作制，S5 为电制动的断续周期工作制，S6 为连续周期工作制，S7 为电制动的连续周期工作制，S8 为变速变负载的连续周期工作制，S9 为负载和转速非周期性变化工作制，S10 为离散恒定负载工作制。

七、常用电工工具的使用

(一)验电器

验电器是检验导线和电气设备是否带电的一种常用检测工具，分为低压验电器和高压验电器两种。低压验电笔是电工常用的一种辅助安全用具，用于检查 500V 以下导体或各种用电设备的外壳是否带电。一支普通的低压验电笔，可随身携带，只要掌握验电笔的原理，结合熟知的电工原理，即可达到灵活运用。

目前，低压验电笔通常有氖管式验电笔和数字式验电笔两种。下面以实际应用较广泛的氖管式验电笔为例，讲解其具体应用。

氖管式验电笔利用电容电流经氖管灯泡发光的原理制成，故也称发光型验电笔。氖管式验电笔由笔尖、降压电阻、氖管、弹簧和笔尾金属体等部分组成。

使用氖管式验电笔时,必须按照规定的握法操作,即手指必须接触笔尾的金属体或测电笔顶部的金属螺钉。只要带电体与大地之间的电位差超过 50V,电笔中氖泡就会发光。

氖管式验电笔在使用中需注意以下几点:

(1)使用前应在确认有电的设备上进行试验,确认验电笔良好后方可进行验电。在强光下验电时,应采取遮挡措施,以防误判断。

(2)验电笔可区分相线和地线,接触电线时,使氖管发光的线是相线,氖管不亮的线为地线或中性线。

(3)验电笔可区分交流电和直流电。使氖管式验电笔氖管两极发光的是交流电,一极发光的是直流电,氖管的前端指验电笔笔尖一端,氖管的后端指手握的一端,前端明亮为负极,反之为正极。

(4)验电笔还可以判断电压的高低。如果氖管灯光发亮至黄红色,则电压较高;如氖管发暗微亮至暗红色,则电压较低。

(5)判断交流电的同相和异相。两手各持一支验电笔,站在绝缘体上,将两支笔同时触及待测的两条导线,如果两支验电笔的氖泡均不太亮,则表明两条导线是同相;若发出很亮的光,说明是异相。

值得注意的是,不得随便拔掉或损坏验电笔工作触头金属部位的绝缘套保护管,防止在测量电源时手指误碰工作触头金属部位,从而避免触电伤害事故的发生。

(二)万用表

万用表是一种可以测量交、直流电流,交、直流电压及电阻等多种电学参量的磁电式仪表。万用表按显示方式分为模拟(指针)万用表和数字万用表,可测量直流电流、直流电压、交流电流、交流电压、电阻等,有的还可以测电容量、电感量及半导体的一些参数(如放大倍数 β)等。

数字万用表与模拟万用表相比,其准确度与分辨力均较高,而且过载能力强、抗干扰性能好、功能多、体积小、重量轻,还能从根本上消除读取数据时的视差,因此得到了更广泛的应用。下面以数字万用表为例,说明其在本项目中的应用。

1.测交流接触器线圈电阻

(1)将交流接触器与电路断开。

(2)万用表测量设置:将万用表红表笔插入"V/Ω"插孔,将黑表笔插入"COM"插孔,将转换开关置于欧姆挡"Ω"的2K量程处。

(3)打开万用表电源开关,将红、黑表笔接到接触器的线圈两端A1和A2(不分次序),读取万用表的液晶显示屏数据,然后乘以1000即为线圈的阻值。接触器线圈的正常阻值是几百欧,如果测量的数据很小,比如几欧,甚至接近于零,说明线圈短路;如果测量的数据非常大,例如无穷大"1",说明线圈短路。

2.测星形连接的三相异步电动机线电压和相电压

(1)将电动机的主电路和控制电路连接好,合上电源开关,按下启动按钮,电动机连续运转。

(2)万用表测量设置:将万用表红表笔插入"V/Ω"插孔,将黑表笔插入"COM"插孔,将转换开关置于交流电压挡"V∼"的700量程处。

(3)打开万用表电源开关,液晶显示屏出现"HV",提示危险,需谨慎操作。

(4)将红、黑表笔接到电动机接线盒的U1、V1,或V1、W1,或W1、U1(不分次序),读取万用表的液晶显示屏数据,如果在380左右,则为正常,即星形连接的电动机线电压为380V。将红、黑表笔接到电动机接线盒的U1、U2,或V1、V2,或W1、W2(不分次序),读取万用表的液晶显示屏数据,如果在220左右,则为正常,即星形连接的电动机相电压为220V。

注意:万用表测电压采用的方法是并联,即万用表的红、黑表笔跨接在被测负载的两端。

3.测星形连接的三相异步电动机线电流和相电流

(1)将电动机的主电路和控制电路连接好,并将万用表的红、黑表笔串联到主电路的任意一条火线中。

(2)万用表测量设置:若被测电流小于2A,则将万用表红表笔插入"A"插孔(测量电流最大值不能超过2A),或者"10A"插孔(测量电流最大值不能超过 10A)，将黑表笔插入"COM"插孔，将转换开关置于交流电流挡"A～"的相应量程处，并打开万用表电源开关。

(3)合上电源开关，按下启动按钮，电动机连续运转，读取万用表的液晶显示屏数据，即为星形连接的三相异步电动机线电流值。

(4)根据星形连接的电路特点，上面的万用表串联回路也是相电流的测量电路，即星形连接的三相异步电动机线电流和相电流相等。

注意：万用表测电流采用的方法是串联，即先将被测电路的某段断开，形成两个断点，再将万用表的红、黑表笔分别接到两断点处。

4.测交流接触器的触点状态

交流接触器有两排触点，下面一排为主触点，用于主电路的控制，上面一排为辅助触点，用于控制电路。接触器在接入电路之前，必须测量其触点的状态，以验证其是否损坏。

(1)测主触点

首先，万用表测量设置：将万用表红表笔插入"V/Ω"插孔，将黑表笔插入"COM"插孔，将转换开关置于蜂鸣处，然后将万用表红、黑表笔分别与接触器的某对主触点相连。如果常态下万用表不发出蜂鸣声，当按下接触器顶部手动按钮时，万用表就发出蜂鸣声，说明此对触点是常开触点。交流接触器的主触点都是常开触点，每一对主触点都需要测量验证。

(2)测辅助触点

首先，万用表测量设置：将万用表红表笔插入"V/Ω"插孔，将黑表笔插入"COM"插孔，将转换开关置于蜂鸣挡处，然后将万用表红、黑表笔分别与接触器的某对辅助触点相连。如果常态下万用表不发出蜂鸣声，当按下接触器顶部手动按钮时，万用表就发出蜂鸣声，说明此对触点是常开触点，应该与接触器上标识"NO"相符。如果常态下万用表发出蜂鸣声，当按下接触器顶部手动按钮时，万用表就停止发出蜂鸣声，说明此对触点是常闭触点，应该与接触器上标识"NC"相符。辅助触点有辅助常闭触点和辅助常开触点，每一对触点也都需要测量验证。

(三)剥线钳

剥线钳是专用于剥削导线绝缘层的工具,主要由钳头和钳柄组成,钳柄带有绝缘层,耐压为 500V,钳口有 0.5~3mm 多个不同孔径的刃口。

使用要点:要根据导线直径,选择剥线钳刃口的孔径。

(1)根据电线的粗细型号,选择相应的剥线刃口。

$0.5mm^2$、$0.75mm^2$、$1mm^2$、$1.5mm^2$、$2.5mm^2$ 导线对应的导线直径分别是 0.8mm、0.98mm、1.13mm、1.38mm、1.78mm。关键是线径和刃口要适配,刃口太大会导致剥不开绝缘层,太小会导致剪断内部导线。

(2)将准备好的电线放在剥线钳的刀刃中间,选择好要剥线的长度。一般要剥开的导线长度为 8~10mm。

(3)握住剥线钳手柄,将电线夹住,缓缓用力使电线外表皮慢慢剥落。

(4)松开剥线钳手柄,取出电线,这时电线金属整齐露出外面,其余绝缘塑料完好无损。

(四)螺丝刀

螺丝刀又称起子,按其头部形状可分为一字形和十字形两种。使用一字形或十字形螺丝刀时,用力要平稳,压和拧要同时进行。

螺丝刀在使用中的注意事项:

(1)电工不可使用金属杆直通柄顶的螺丝刀。

(2)带电操作时,手不可触及螺丝刀的金属杆。

(3)使用时应选择与螺钉槽相同且大小规格相应的螺丝刀。

八、导线

导线的选用必须依据一定的原则:给设备配线重在考虑导线安全载流量(为了保证导线长时间连续运行所允许的电流密度),远距离送电重在测算线路允许的电压降,并且两者都要兼顾导体材料的机械强度。

(一)线芯材料的选用

作为线芯的金属材料,必须同时具备的特点是:电阻率较低;有足够的机械强度;在一般情况下有较好的耐腐蚀性;容易进行各种形式的机械加工,价格较便宜。铜和铝基本符合这些特点,因此,常用铜或铝作为导线的线芯。铜导线的电阻率比铝导线小,焊接性能和机械强度比铝导线好,因此它常用于要求较高的场合。设备配线和室内照明线路主要用铜芯导线。铝导线密度比铜导线小,而且资源丰富,价格较铜低廉,宜作远距离传输导线。

(二)导线截面的选择

国标规定的导线截面积系列:$1mm^2$、$1.5mm^2$、$2.5mm^2$、$4mm^2$、$6mm^2$、$10mm^2$、$16mm^2$、$25mm^2$、$35mm^2$、$50mm^2$、$70mm^2$、$95mm^2$、$120mm^2$ 等。

以设备配线为例,根据负载计算出来的电流必须小于导线的安全载流量。

导线安全载流量的具体数据可查《电工手册》,实际应用中可根据口诀估算:"二点五下乘以九,往上减一顺号走。三十五乘三点五,双双成组减点五。条件有变加折算,高温九折铜升级。穿管根数二三四,八七六折满载流"。

三相交流异步电动机控制的主电路相线(三相三线制)及相线和中线(三相四线制)一般选用 $1mm^2$ 的导线,地线一般选用 $2.5mm^2$ 的导线,控制电路选用 $0.75mm^2$ 或 $1mm^2$ 的导线。

(三)导线颜色的选用

国标规定,三相交流电中,A 相为黄色,B 相为绿色,C 相为红色,中性线(即零线)为黑色或淡蓝色,保护中性线(地线)为黄绿双色。在三相交流异步电动机的控制电路中,一般选用蓝色线。

(四)常用导线举例

实际应用中最常见的导线类型是 BV 和 RV。BV 是铜芯聚氯乙烯绝缘电线,简称塑铜线,适用于交流电压 450/750V 及以下的动力装置、日用电器、仪表及电信设备用的电缆电线,是我们日常生活中接触最多的一种线。其中，B 代表类别，布电线；V 代表绝缘类型，聚氯乙烯。RV 是铜芯聚氯乙烯绝缘连接软电线，符合要求较为严格的柔性安装场所，如电控柜、配电箱及各种低压电气设备，可用于电力、电气控制信号及开关信号的传输。其中，R 代表类别，连接用软电线；V 代表绝缘类型，聚氯乙烯。

以 2.5mm² 导线为例：BV 有两种，1 根直径为 1.78mm 的导线和 7 根直径为 0.68mm 的导线；BVR 是 19 根直径为 0.41mm 的导线；RV 是 49 根直径为 0.25mm 的导线。

九、电动机点动控制线路接线前准备

(一)电气原理图的分析

电动机的点动控制电气原理图选用的是线圈额定电压为 220V 的交流接触器。

电动机的工作过程如下：合上断路器 QF1、QF2→按下启动按钮 SB1→接触器 KM1 线圈通电→接触器主触点 KM1 闭合→电动机 M 运转；松开启动按钮 SB1→接触器 KM1 线圈断电→接触器主触点 KM1 断开→电动机 M 停转。

(二)导线准备

1mm² 的黄、绿、红、黑、蓝色线，2.5mm² 的黄绿双色线等。

(三)接线工具及仪表准备

一字及十字螺丝刀、剥线钳、验电笔和万用表等。

十、电动机点动控制安装与调试

接线过程中必须遵循一定的原则。

(1)严格按照电气原理图接线。

(2)导线要严格按照国标选择合适的颜色和线径。

(3)先接主电路，再接控制电路。

（4）接线时遵循"上进下出、左进右出"的原则。

（5）导线要保证牢固可靠：①不能"压皮"，即接线端螺丝不能压在导线绝缘层，否则会造成虚接；②不能露铜过长，即铜丝露在接线端外部的长度要严格控制，最好在 1mm 以内，不得超过 3mm，否则会发生相间短路、触电等危险；③必须压紧，螺丝拧紧后，用手轻轻地拽一拽导线，不能脱落，导线压不紧将导致接触不良，为电路调试过程中的故障排除带来极大困难。

（6）同一接点处的导线不能超过 2 根。

第二节　电动机连续运行控制安装与调试

一、热继电器

电动机的实际使用功率超过电动机铭牌上的额定功率，这种现象称为电动机过载。若电动机过载不大、时间较短，则电动机绕组不会超过允许温升，这种过载是允许的。但若过载时间长、过载电流大，电动机绕组的温升就会超过允许值，使电动机绕组绝缘老化，缩短电动机的使用寿命，严重时甚至会使电动机绕组烧毁。所以，这种过载是电动机不能承受的。

热继电器就是利用电流的热效应原理，在出现电动机不能承受的过载电流时切断电动机电路，为电动机提供过载保护的电器。热继电器可以根据过载电流的大小自动调整动作时间，具有反时限保护特性，即过载电流大、动作时间短，过载电流小、动作时间长。当电动机的工作电流为额定电流时，热继电器长期不动作。

（一）热继电器的动作原理

使用时，将热继电器的三相热元件分别串接在电动机的三相主电路中，动断触点串接在控制电路的接触器线圈回路中。当电动机过载时，流过电阻丝（热元件）的电流增大，电阻丝产生的热量使金属片弯曲，经过一定时间后,弯曲位移增大,推动导板移动,使其动断触点断开,动合触点闭合,使接触器线圈断电,接触器触点断开,切除电动机电源,起过载保护作用。

(二)热继电器的选用

选用热继电器主要考虑的因素为额定电流或热元件的整定电流要求应大于被保护电路或设备的正常工作电流。作为电动机保护时,要考虑其型号、规格和特性、正常启动时的启动时间和启动电流、负载的性质等。在接线上对星形连接的电动机,可选两相或三相结构的热继电器;对三角形连接的电动机,应选择带断相保护的热继电器。所选用的热继电器的整定电流通常与电动机的额定电流相等。

总之,选用热继电器要注意下列几点。

(1)先由电动机额定电流计算出热元件的电流范围,然后选型号及电流等级。例如,电动机额定电流 $I_N=14.7A$,则可选 JR0—40 型热继电器,因其热元件电流 $I_R=16A$。工作时将热元件的动作电流整定在14.7A。

(2)要根据热继电器与电动机的安装条件和环境的不同,将热元件的电流做适当调整。如高温场合,热源间的电流应放大 1.05~1.20 倍。

(3)设计成套电气装置时,热继电器应尽量远离发热电器。

(4)通过热继电器的电流与整定电流之比称为整定电流倍数。其值越大、发热越快,动作时间越短。

(5)对于点动、重载启动、频繁正反转及带反接制动等运行的电动机,一般不用热继电器作过载保护。

二、自锁

按下启动按钮 SB2 后,接触器 KM 线圈通电,接触器 KM 辅助常开触点 KM 闭合;松开启动按钮 SB2 后,接触器 KM 的线圈通过其辅助常开触点 KM 的闭合仍继续保持通电。这种依靠接触器自身辅助常开触点的闭合而使线圈保持通电的控制方式,称为自锁或自保。起到自锁作用的辅助常开触点称自锁触点。

自锁的作用主要体现在以下两个方面。

(1)欠压保护:当电源电压由于某种原因下降时,电动机的转矩将显著降低,影响电动机正常运行,严重时会引起"堵转"现象,以致损坏电动机。采用接触器自锁控制电路就可避免上述故障,因为当电源电压低于接触器线圈额定电压 85% 时,接触器电磁系统所产生的电磁力克服不了弹簧的反作用力,因而释放,主触点打开,自动切断主电路,从而达到欠压保护的作用。

(2)失压保护:电动机启动后,由于外界原因突然断电,但随后又恢复供电,这种情况下,自锁触点因断电而断开,控制电路不会自行接通,电动机不会自行启动,必须重新发令(按启动按钮)才能启动,这样可避免事故的发生,起到失压保护作用。

三、低压电气原理图的识读

任何复杂的电气控制线路都是按照一定的控制原则,由基本的控制线路组成的。生产机械电气控制线路常用电气原理图、电气安装接线图和电气元件布置图来表示。

(一)电气原理图

电气原理图是根据生产机械运动形式对电气控制系统的要求,采用国家统一规定的电气原理图形符号和文字符号,按照电气设备和电器的工作顺序,详细表示电路、设备或成套装置的全部基本组成和连接关系,而不考虑其实际位置的一种简图。电气原理图能充分表达电气设备和电器的用途、作用和工作原理,是电气线路安装、调试和维修的理论依据。

绘制、识读电气原理图时应遵循以下原则。

(1)电气原理图一般分电源电路、主电路和辅助电路三部分绘制。

①电源电路画成水平线,三相交流电源相序 L1、L2、L3 自上而下依次画出,中线 N 和保护地线 PE 依次画在相线之下。直流电源的"+"端画在上边,"—"端在下边画出。电源开关要水平画出。

②主电路是指电源向负载提供电能的电路,它是由主熔断器、接触器的主触点、热继电器的热元件以及电动机等组成的。主电路通过的电流是电动机的工作电流,电流较大。主电路图要画在电气原理图的左侧并垂直电源电路。

③辅助电路一般包括控制主电路工作状态的控制电路、显示主电路工作状态的指示电路及提供机床设备局部照明的照明电路等。它是由主电器的触点、接触器线圈及辅助触点、继电器线圈及触点、指示灯和照明灯等组成的。辅助电路通过的电流都较小,一般不超过 5A。画辅助电路图时,一般按照控制电路、照明电路和指示电路的顺序依次垂直画在主电路图的右侧,且电路中与下边电源线相连的耗能元件(如接触器和继电器的线圈、指示灯、照明灯等)要画在电气原理图的下方,而电器的触点要画在耗能元件与上边电源线之间。为读图方便,一般应按照自左至右、自上而下的排列来表示操作顺序。

(2)电气原理图中,各电器的触点位置都按电路未通电或电器未受外力作用时的常态位置画出。分析原理时,应从触点的常态位置出发。

(3)电气原理图中,不画各电气元件实际的外形图,而采用国家统一规定的电气原理图形符号画出。

(4)电气原理图中,同一电器的各元件不是按它们的实际位置画在一起,而是按其在线路中所起的作用分别画在不同电路中,但它们的动作却是相互关联的,因此,必须标注相同的文字符号。若图中相同的电器较多,则需要在电气元件文字符号后面加注不同的数字,以示区别,如KM1、KM2 等。

(5)画电气原理图时,应尽可能减少线条和避免线条交叉。对有直接电联系的交叉导线连接点,要用小黑圆点表示;无直接电联系的交叉导线则不画小黑圆点。

(二)电气元件布置图

电气元件布置图是根据电气元件在控制板上的实际安装位置,采用简化的外形符号(如正方形、矩形、圆形等)而绘制的一种简图。它不表达各电器的具体结构、作用、接线情况以及工作原理,主要用于电气元件的布置和安装。电气元件布置图中各电气元件的文字符号必须与电气原理图的标注相一致。

(三)电气安装接线图

电气安装接线图是根据电气设备与电气元件的实际位置和安装情况绘制的,只用来表示电气设备和电气元件的位置、配线方式和接线方式,而不明显表示电气元件的动作原理,主要用于安装接线、线路的检查维修和故障处理。

绘制、识读电气安装接线图应遵循以下原则。

(1)电气安装接线图中一般出示以下内容,即电气设备和电气元件的相对位置、文字符号、端子号、导线号、导线类型、导线截面积、屏蔽和导线绞合等。

(2)所有的电气设备和电气元件都按其所在的实际位置绘制在图纸上,且同一电器的各元件根据其实际结构,使用与电气原理图相同的图形符号画在一起,并用点画线框上,其文字符号以及接线端子的编号应与电气原理图中的标注一致,以便对照检查接线。

(3)电气安装接线图中的导线有单根导线、导线组(或线扎)、电缆等之分,可用连续线和中断线来表示。凡导线走向相同的可以合并,用线束来表示,到达接线端子板或电气元件的连接点时再分别画出。在用线束来表示导线组、电缆等时可用加粗的线条表示,在不引起误解的情况下也可采用部分加粗。另外,导线及管子的型号、根数和规格应标注清楚。在实际中,电气原理图、电气元件布置图和电气安装接线图要结合起来使用。

四、电动机连续运行控制接线前准备

(一)电气原理图的分析

电动机的连续运行电气原理图选用的是线圈额定电压为 220V 的交流接触器。电动机的工作过程如下:

启动:合上断路器 QF1、QF2→按下启动按钮 SB2→接触器 KM1 线圈通电→接触器主触点 KM1 闭合,辅助常开触点 KM1 闭合自锁→电动机 M 连续运转。

停止:按下停止按钮 SB1→接触器 KM1 线圈断电→接触器主触点 KMI 断开→电动机 M 停转。

(二)导线准备

1mm² 的黄、绿、红、黑、蓝色线,2.5mm² 的黄绿双色线等。

(三)接线工具及仪表准备

一字及十字螺丝刀、剥线钳、验电笔和万用表等。

五、电动机连续运行安装与调试

步骤一:绘制电气元件布置图;步骤二:绘制电气安装接线图;步骤三:按规范接线。

(1)严格按照电气原理图、电气元件布置图、电气安装接线图接线。

(2)导线要严格按照国标选择合适的颜色和线径。

(3)先接主电路,再接控制电路。

(4)接线时遵循"上进下出、左进右出"的原则。

(5)导线要保证牢固可靠。

(6)同一接点处的导线不能超过两根。

第三节　电动机点动与连续控制安装与调试

一、复合按钮

复合按钮是指将常开与常闭按钮组合为一体的按钮,它既具有常闭触点又具有常开触点。初始状态下,常闭触点是闭合的,常开触点是断开的。按下按钮时,常闭触点首先断开,常开触点后闭合,可认为是自锁型按钮;松开按钮后,按钮在复位弹簧的作用下,首先将常开触点断开(复位),继而将常闭触点闭合(复位),即回归到初始状态。复合按钮常用于联锁(互锁)控制电路中。

二、电气原理图的分析

电动机的控制是以接触器为核心元件实现的,接触器各触点的状态转换是由接触器的线圈的电状态决定的。所以,电气原理图的分析主要采用"线圈推导法"。

以电动机连续运行控制电路为例,分析过程如下。

(1)首先观察主电路,确定电动机与接触器的对应关系。电动机 M 由接触器 KM1 控制。

(2)观察控制电路,排除电路保护电器,包括熔断器、热继电器和断路器等,着重分析剩下的接触器及按钮所构成的控制线路。

(3)分析线圈所在支路。只有一个线圈 KM1,按下常开按钮 SB2,KM1 线圈得电,其主触点和辅助常开触点闭合,KM1 自锁,电动机 M 转动;按下常闭按钮 SB1,KM1 线圈失电,其主触点和辅助常开触点复位(断开),电动机 M 停止。

(4)根据分析,总结各按钮及接触器触点对电动机的控制功能。按下 SB2,M 转动,SB2 为启动按钮;KM1 辅助常开触点与 SB2 并联,起自锁功能;按下 SB1,M 停止,SB1 为停止按钮。

(5)最后得出结论,即电路的控制功能。

三、电气原理图的绘制

电气控制线路根据电路通过的电流大小可分为主电路和控制电路。主电路包括从电源到电动机的电路,是强电流通过的部分,画在原理图的左边;控制电路是通过弱电流的电路,一般由按钮、电气元件的线圈、接触器的辅助触点、继电器的触点等组成,画在原理图的右边。

采用电气元件展开图的画法。同一电气元件的各部件可以不画在一起,但需用同一文字符号标出。若有多个同类电器,要在文字符号后加上数字序号,如 KM1、KM2 等。所有按钮、触点均按没有外力作用和没有通电时的"常态"画出;控制电路的分支线路,原则上按照动作先后顺序排列;电气连接的交叉导线,在交叉处必须用黑点标识,无黑点表示导线不连接,而是跨接。

四、接线规范

(1)严格按照电气原理图、电气元件布置图、电气安装接线图接线。

(2)导线要严格按照国标选择合适的颜色和线径。

(3)先接主电路,再接控制电路。

(4)接线时遵循"上进下出、左进右出"的原则。

(5)导线要保证牢固可靠。

(6)同一接点处的导线不能超过两根。

(7)导线必须走线槽。

①元器件之间的连接导线,除间距很小和元器件机械强度很差允许直接架空敷设外,其他导线必须经过走线槽进行连接。

②任何导线都不允许直接从水平方向进入走线槽内。

③按照上进下出的原则,上面进入元器件的导线必须进入元器件上面的走线槽,元器件下面出来的导线必须进入元器件下面的走线槽。

④进入走线槽内的导线要完全置于走线槽内,并应尽可能避免交叉,装线不要超过其容量的 70%,以便于能盖上线槽盖和以后的装配及维修。

⑤各元器件与走线槽之间的外露导线尽可能做到横平竖直,横竖交界处弯成一定的弧度,同平面的导线要高度一致,避免交叉。

⑥元器件之间的连接导线应留有 10～20cm 的余量,折弯后置于走线槽内,防止元器件位置调整或线路变化。

五、电动机点动与连续控制接线前准备

(一)电气原理图的分析电动机的工作过程如下

点动和连续控制:合上断路器 QF1、QF2→按下连续运行按钮 SB2→接触器 KM1 线圈通电→接触器主触点 KM1 闭合,辅助常开触点 KM1 闭合自锁→电动机 M 连续运行。按下点动按钮 SB3→SB3 常闭触点先断开,切断 KM1 自锁支路;SB3 常开触点后闭合→接触器 KM1 线圈通电→接触器主触点 KM1 闭合→电动机 M 点动运行。

停止:按下停止按钮 SB1→接触器 KM1 线圈断电→接触器主触点 KM1 断开→电动机 M 停转。

(二)导线准备

$1mm^2$ 的黄、绿、红、黑、蓝色线,$2.5mm^2$ 的黄绿双色线等。

(三)接线工具及仪表准备

一字及十字螺丝刀、剥线钳、验电笔、万用表等。

第三章 三相异步电动机正反转控制安装与调试

第一节 接触器互锁电动机正反转控制安装与调试

一、电动机工作原理

电动机是把电能转化为机械能的设备,主要由定子(静止部分)和转子(旋转部分)构成。

(一)基本原理

为了说明三相异步电动机的工作原理,做如下演示实验。

(1)演示实验:在装有手柄的蹄形磁铁的两极间放置一个闭合导体,当转动手柄带动蹄形磁铁旋转时,发现导体也跟着旋转,若改变磁铁的转向,则导体的转向也跟着改变。

(2)现象解释:当磁铁旋转时,磁铁与闭合的导体发生相对运动,导体切割磁力线而在其内部产生感应电动势和感应电流。感应电流又使导体受到一个电磁力的作用,于是导体就沿磁铁的旋转方向转动起来,这就是异步电动机的基本原理。

结论:欲使异步电动机旋转,必须有旋转的磁场和闭合的转子绕组。

(二)旋转磁场

1. 产生

三相定子绕组 AX、BY、CZ,它们在空间按互差120°的规律对称排列,并接成星形与三相电源 U、V、W 相连。这样,三相定子绕组中便形成三相对称电流,随着电流在定子绕组中通过,在三相定子绕组中就会产生旋转磁场。当定子绕组中的电流变化一个周期时,合成磁场也按电流的相序方向在空间旋转一周。随着定子绕组中三相电流不断地做周期性变化,产生的合成磁场也不断地旋转,因此称为旋转磁场。

2. 旋转磁场的方向

旋转磁场的方向是由三相绕组中的电流相序决定的,若想改变旋转磁场的方向,只要改变通入定子绕组的电流相序,即将三根电源线中的任意两根对调即可。这时,转子的旋转方向也跟着改变。

(三)电动机工作原理综述

当电动机的三相定子绕组通入三相对称交流电(幅值相等,频率相同,相位角互差 120°)后,将产生一个旋转磁场,该旋转磁场切割转子绕组,从而在转子绕组中产生感应电流,载流的转子导体在定子旋转磁场作用下将产生电磁力,从而在电动机转轴上形成电磁转矩,驱动电动机旋转。简而言之,三相对称交流电—旋转磁场—感应电流—电磁转矩—电动机转轴旋转。

二、低压电气原理图的线号标识规则

采用电路编号法,即对电路中的各个接点用字母或数字编号。

(一)主电路的线号标识规则

主电路在电源开关的出线端按相序依次编号为 U11、V11、W11,然后按从上至下、从左至右的顺序,每经过一个电气元件后,编号要递增,如 U12、V12、W12、U13、V13、W13 等。单台三相交流电动机(或设备)的三根引出线按相序依次编号为 U、V、W。对于多台电动机引出线的编号,为了不致引起误解和混淆,可在字母前用不同的数字加以区别,如 1U、1V、1W、2U、2V、2W。

(二)辅助电路的线号标识规则

按照电路的布局要求,辅助电路按竖直方向布置,从左到右依次为控制电路、照明电路和指示电路等。

辅助电路编号根据"等电位"原则，按从上至下、从左至右的顺序用数字依次编号，每经过一个电气元件后，编号要依次递增。控制电路编号的起始数字必须是 1，其他辅助电路编号的起始数字依次递增 100，即照明电路编号从 101 开始，指示电路编号从 201 开始。

三、压线钳的使用

(一)冷压端子

冷压端子又名绝缘端子、接线端子、线鼻子等，是用于实现电气连接的一种配件产品，工业上划分为连接器的范畴。一般来讲，除了单股硬线，其他的导线在连接前都要套上冷压端子，特别是多股软线。使用接线端子的主要目的是便于接线，将多股电线集中在一起可降低接头处的接触电阻，并使其牢固可靠。

选用的冷压端子必须与连接导线的截面积相匹配。例如常用的针形冷压端子 E0508、E7508、E1010、E1508、E2512 等，其中，E 表示针形冷压端子；后面的两位数字是指导线的截面积，分别是 0.5mm^2、0.75mm^2、1mm^2、1.5mm^2、2.5mm^2；最后两位数字是指冷压端子露出的导电部分长度，单位为 mm。

有时还用到双线针形冷压端子，例如 TE0508、TE7508、TE1010、TE1508、TE2510 等，其中，TE 表示双线针形冷压端子，即一个端子中可以插入两根相同截面积的导线；后面的数字含义与上述相同。

(二)压线钳的操作

压线钳是用来压接导线线头与冷压端子，从而实现两者可靠连接的一种冷压模工具。导线的压接过程：

(1)将剥去绝缘的导线端头插入冷压端子的孔内(遇到阻力为止)；

(2)将压线钳手柄压合到底，并保持几秒；

(3)用剥线钳的刀口剪掉冷压端子头部露出的多余导线。

操作时的注意事项：

(1)导线和冷压端子的规格必须相符;

(2)压接部位在冷压端子套的中部,压接部位要正确;

(3)压线钳手柄要完全压到底;

(4)被压裸线的长度要超过压痕的长度。

四、线号机的使用

(一)线号管

线号管是指用于配线标识的套管,管壁内侧有梅花状内齿,故又称为梅花管。内齿的主要作用是调整由于导线直径的偏差而引起的松动,线号管的材质一般为 PVC。

常用线号机在线号管上打印线号,用于配线标识,以便于接线、调试与维修。线号管的使用注意事项如下:

(1)同一根导线的两端必须都套管,并且线号相同;

(2)控制电路中"等电位"的导线线号必须相同;

(3)线号管上的线号必须字头向上或字头向左,并且有打印文字的部分朝外。

常用的是白色 PVC 内齿圆套管,常用规格为 0.5mm^2、0.75mm^2、1.0mm^2、1.5mm^2、2.5mm^2、4.0mm^2、6.0mm^2,其规格与电线规格相匹配,如 1.5mm^2 电线应选用 1.5mm^2 线号管。

(二)线号机的操作

线号机是用来打印接线号码管、字码套管、PVC 套管、热缩套管标识和标签贴纸的设备。目前市场上比较受欢迎的国产品牌有标映、硕方等。

1.线号管及色带的安装

具体操作步骤:上电→拨动按钮→掀开上盖→安装色带→安装线管→盖好上盖→操作完成。

2.打印参数设置

将线号管和色带安装完毕后,还要对线号管的参数进行设置,主要有段长、字号、修饰、重复和半切等。

1mm² 导线的常用设置参数是:段长输入 20,字号选 3,修饰选无,重复根据需要设定,半切;1.5mm² 导线的常用设置参数是:段长输入 20,字号选 4,修饰选无,重复根据需要设定,半切。

3.输入打印

将需要打印的线号通过线号机键盘输入,并根据需要设置打印的套数,最后按"打印"键,线号机就会开始打印。

4.裁切取用

打印完成后,不能将打印好的信号管从出口强力拉出,要按下出口上方的剪切键,切断后取出,否则会影响打印效果或损坏线号机。

五、接线规范

(一)接线前规范

1.图纸准备

电气原理图、电气元件布置图、电气安装接线图。

2.导线准备

1mm² 的黄、绿、红、黑、蓝色线,2.5mm² 的黄绿双色线等。

(二)接线原则

(1)严格按照电气原理图、电气元件布置图和电气安装接线图接线。

(2)导线要严格按照国标选择合适的颜色和线径。

(3)先接主电路,再接控制电路。

(4)接线时遵循"上进下出、左进右出"的原则。

(5)导线要保证牢固可靠。

(6)同一接点处的冷压端子不能超过两个。

(7)导线必须走线槽。

(8)导线必须套线号管,线号管上的线号必须字头向上或字头向左,并且有打印文字的部分朝外。

六、安装与调试

电动机的工作过程如下。

合上断路器 QF1、QF2→按下按钮 SB2→KM1 线圈通电→接触器辅助常闭触点 KM1 断开实现互锁(使 KM2 线圈断电)，主触点 KM1 闭合，辅助常开触点 KM1 闭合实现自锁→电动机正转。

停止:按下停止按钮 SB1→接触器 KM1 和 KM2 线圈都断电→接触器主触点 KM1 和 KM2 均断开→电动机 M 停转。

按下按钮 SB3→KM2 线圈通电→接触器辅助常闭触点 KM2 断开实现互锁(使 KM1 线圈断电)，主触点 KM2 闭合，辅助常开触点 KM2 闭合实现自锁→电动机反转。

第二节　双重互锁电动机正反转控制安装与调试

一、互锁

利用两个或多个常闭触点去控制对方的线圈回路,保证回路中线圈不会同时通电的功能称为"互锁"。目的是限制互锁的电器,使其不能同时动作,从而避免危险工况的出现。

(一)电气互锁

将自身接触器的辅助常闭触点串入对方接触器线圈回路中,则在自身接触器线圈回路通电前,先切断对方接触器的线圈回路(辅助常闭触点先断开),然后才接通自身的线圈回路(辅助常开触点后闭合)。这样,即使按下相反方向(对方)的启动按钮,另一个接触器也无法通电,这种利用两个接触器的辅助常闭触点互相控制的方式,称为电气互锁、电气联锁或接触器互锁。起互锁作用的辅助常闭触点叫互锁触点。

(二)机械互锁

复合按钮有常开触点和常闭触点,将常开触点作为启动按钮,而将常闭触点串接在对方接触器的线圈回路中,任一时刻按下复合按钮,在接通己方接触器线圈回路之前,先使对方接触器线圈回路断电(常闭触点先断开),然后才接通自身所控制的接触器线圈回路(常开触点后闭合)。这样,即使按下相反方向(对方)的复合按钮,另一个接触器也无法通电,这种利用两个复合按钮的常闭触点互相控制的方式,称为机械互锁、机械联锁或按钮互锁。起互锁作用的常闭触点叫互锁触点。

若线路中既有电气互锁,又有机械互锁,则称为双重互锁。该线路操作方便、安全可靠,得到了广泛应用。

二、双重互锁电动机正反转控制接线前准备

电动机的工作过程如下:

正转:合上断路器 QF1、QF2→按下按钮 SB2→SB2 常闭触点先断开,切断 KM2 线圈回路(机械互锁),然后 SB2 常开触点闭合→KM1 线圈通电→接触器辅助常闭触点 KM1 先断开(电气互锁),然后主触点 KM1 闭合,辅助常开触点 KM1 闭合实现自锁一电动机正转。

反转:按下按钮 SB3→SB3 常闭触点先断开,切断 KM1 线圈回路(机械互锁),然后 SB3 常开触点闭合→KM2 线圈通电→接触器辅助常闭触点 KM2 先断开(电气互锁),然后主触点 KM2 闭合,辅助常开触点 KM2 闭合实现自锁→电动机反转。

停止:按下停止按钮 SB1→接触器 KM1 和 KM2 线圈都断电→接触器主触点 KM1 和 KM2 均断开→电动机 M 停转。

第三节 工作台自动往返控制安装与调试

一、行程开关

某些生产机械运动状态的转换,是靠部件运行到一定位置时由行程

开关发出信号进行自动控制的。例如,行车运动到终端位置自动停车、工作台在指定区域内的自动往返移动都是由运动部件运动的位置或行程来控制的,这种控制称为行程控制。

行程控制是用行程开关代替按钮开关来实现对电动机的启动和停止控制,可分为限位断电、限位通电和自动往复循环等控制。

(一)行程开关的工作原理

当生产机械的运动部件到达某一位置时,运动部件上的挡块碰压行程开关的操作头,使行程开关的触头改变状态,对控制电路发出接通、断开或变换某些控制电路的指令,以达到设定的控制要求。

其动作原理与复合按钮相同,当有外力压下推杆时,常闭触点先断开,结合;当外力撤销后,推杆在弹簧的作用下复位,常开触点先恢复初始状态闭触点恢复初始状态(闭合)。

(二)行程开关的型号含义

例如,LX19－111、JLXK1－111 等,这些产品结构简单、功能实用,受到广大使用者的青睐。

二、工作台自动往返控制接线前准备

电动机的工作过程如下:

合上断路器 QF1、QF2→按下按钮 SB2→SB2 常闭触点先断开,切断 KM2 线圈回路(机械互锁),然后 SB2 常开触点闭合→KM1 线圈通电→接触器辅助常闭触点 KM1 先断开(电气互锁),然后主触点 KM1 闭合,辅助常开触点 KM1 闭合实现自锁→电动机正转,工作台向右运动(假设)→工作台至最右端撞击 SQ2→SQ2 常闭触点先断开,切断 KM1 线圈回路,然后 SQ2 常开触点闭合→KM2 线圈通电→接触器辅助常闭触点 KM2 先断开,然后主触点 KM2 闭合,辅助常开触点 KM2 闭合实现自锁→电动机反转,工作台向左运动。

如果先按下按钮 SB3,工作台先向左运动,至左极限后由 SQ1 切换到向右运动,分析过程与上述类似。

停止:按下停止按钮 SB1→接触器 KM1 和 KM2 线圈都断电→接触器主触点 KM1 和 KM2 均断开→电动机 M 停转,工作台停止运动。工作台可停留在左右极限中的任意位置。

第四节 时间控制的电动机自动反转安装与调试

一、时间继电器

时间继电器是指当加入(或去掉)输入的动作信号后,其输出电路需经过规定的准确时间才产生跳跃式变化(或触头动作)的一种继电器,即当吸引线圈通电或断电后,其触头需经过一定延时以后再动作,以控制电路的接通或分断。

(一)时间继电器的分类

时间继电器的种类很多,主要有电磁式、空气阻尼式和电子式等几大类,延时方式有通电延时和断电延时两种。它被广泛用于控制生产过程中按时间原则制定的工艺程序,如笼型电动机 Y/△启动等。

空气阻尼式时间继电器延时时间有 0.4～180s 和 0.4～60s 两种规格,具有延时范围宽、结构简单、工作可靠、价格低廉、寿命长等优点,是交流控制线路中常用的时间继电器。它的缺点是有延时误差 ±(10%～20%),无调节刻度指示,难以精确地整定延时值。在对延时精度要求高的场合,不宜使用这种时间继电器。

(二)时间继电器的接线

JSZ3A－B 型时间继电器底座上有 8 个接线端,序号为 1～8,分别与铭牌上的接线示意图相对应。其中,2 与 7 之间是线圈,需接电源,如果接直流电源,必须是 2 接电源负极、7 接电源正极,不能接反;如果接交流电源,不分极性,可随意接。13 与 14、68 与 58 分别为两对组合触点,13 与 68 是通电延时闭合触点,14 与 58 为通电延时断开触点。

必须注意的是,当电路中需要一对通电延时闭合触点和一对通电延时断开触点时,需分别从两对组合触点中选取一对使用,即 13 和 58,或者 68 与 14。如果选择 13 和 14,或者 58 与 68 接入电路,将发生短路。

(三)时间继电器的型号含义

例如,JSZ3A－B,JS 表示时间继电器;Z 表示综合型;3 表示设计序号;A 表示基型(通电延时,多挡式),另外,C 为瞬动型(通电延时,多挡式),F 为断电延时,K 为信号断开延时,Y 为星三角启动延时(通电延时),R 为往复循环定时(通电延时);B 表示四档时间可调,延时范围代号(适用于多档式)用 A、B、C、D、E、F、G 表示。

二、时间控制的电动机自动反转接线前准备

电动机的工作过程如下:

正转:合上断路器 QF1、QF2→按下按钮 SB2→KM1 线圈通电→接触器辅助常闭触点 KM1 先断开(电气互锁),然后主触点 KM1 闭合,辅助常开触点 KMI 闭合实现自锁→电动机正转。

反转:按下按钮 SB2 的同时,KT1 线圈通电(计时开始)→到达延时时间,KT1 常闭触点断开→KM1 线圈失电,KM1 辅助常闭触点复位,KT1 常开触点闭合→KM2 线圈通电,辅助常开触点 KM2 闭合实现自锁→电动机反转。

停止:按下停止按钮 SB1→KM1、KM2、KT1 线圈都断电→接触器主触点 KM1 和 KM2 均断开→电动机 M 停转。

第四章　照明电路安装

第一节　电工基本操作

一、常用电工工具的名称及作用

电工工具是电气操作的基本工具,电气操作人员必须掌握电工常用工具的结构、性能和正确的使用方法。

常用电工工具基本分为三类。

(1)通用电工工具,指电工随时都可以使用的常备工具,主要有测电笔、螺丝刀、钢丝钳、活络扳手、电工刀、剥线钳等。

(2)线路装修工具,指电力内外线装修必备的工具,包括用于打孔、紧线、钳夹、切割、剥线、弯管、登高的工具及设备,主要有各类电工用凿、冲击电钻、管子钳、剥线钳、紧线器、弯管器、切割工具、套丝器具等。

(3)设备装修工具,指设备安装、拆卸、紧固及管线焊接加热的工具,主要有各类用于拆卸轴承、联轴器、皮带轮等紧固件的工具,安装用的各类套筒扳手及加热用的喷灯等。

(一)测电笔

测电笔是用于检测线路和设备是否带电的工具,有笔式和螺丝刀式两种。

使用时手指必须接触金属笔挂(笔式)或测电笔的金属螺钉部(螺丝刀式),使电流由被测带电体经测电笔和人体与大地组成回路。只要被测带电体与大地之间电压超过 60V,测电笔内的氖管就会起辉发光。由于测电笔内氖管及所串联的电阻较大,形成的回路电流很小,所以不会对人体造成伤害。

应注意,在使用测电笔前,应先在确认有电的带电体上试验,确认测电笔工作正常后,再进行正常验电,以免氖管损坏造成误判,危及人身或设备安全。要防止测电笔受潮或强烈震动,平时不得随便拆卸。手指不可接触笔尖露金属部分或螺杆裸露部分,以免触电造成伤害。

(二)螺丝刀

螺丝刀又名改锥、旋凿或起子。按照其功能不同,头部开关可分为一字形和十字形。其握柄材料又分为木柄和塑料柄两类。

一字形螺丝刀以柄部以外的刀体长度表示规格,单位为 mm,电工常用的有 100mm、150mm、300mm 等几种。

十字形螺丝刀按其头部旋动螺钉规格的不同,分为四个型号—Ⅰ、Ⅱ、Ⅲ、Ⅳ号,分别用于旋动直径为 2～2.5mm、6～8mm、10～12mm 等的螺钉。其柄部以外刀体长度规格与一字形螺丝刀相同。

螺丝刀使用时,应按螺钉的规格选用合适的刀口,以小代大或以大代小均会损坏螺钉或电气元件。

(三)钢丝钳

钢丝钳是电工用于剪切或夹持导线、金属丝、工件的常用钳类工具。其中钳口用于弯绞和钳夹线头或其他金属、非金属物体;齿口用于旋动螺钉螺母;刀口用于切断电线、起拔铁钉、削剥导线绝缘层等;铡口用于铡断硬度较大的金属丝,如钢丝、铁丝等。

钢丝钳规格较多,电工常用的有 175mm 和 200mm 两种。电工用钢丝钳柄部加有耐压 500V 以上的塑料绝缘套。作用前应检查绝缘套是否完好,绝缘套破损的钢丝钳不能使用。在切断导线时,不得将相线或不同相位的相线同时在一个钳口处切断,以免发生短路。属于钢丝钳类的常用工具还有尖嘴钳、断线钳等。

(1)尖嘴钳:头部尖细,适用于在狭小空间操作,主要用于切断较小的导线、金属丝,夹持小螺钉、垫圈,并可将导线端头弯曲成型。

(2)断线钳:又名斜口钳、偏嘴钳,专门用于剪断较粗的电线或其他金属丝,其柄部带有绝缘管套。

(四)活络扳手

活络扳手的钳口可在规格范围内任意调整大小,用于旋动螺杆螺母。

活络扳手规格较多,电工常用的有 150mm×19mm、200mm×24mm、250mm×30mm 等几种,前一个数表示体长,后一个数表示扳口宽度。扳动较大螺杆螺母时,所用力矩较大,手应握在手柄尾部。扳动较小螺杆螺母时,为防止钳口处打滑,手可握在接近头部的位置,且用拇指调节和稳定螺杆。

使用活络扳手旋动螺杆螺母时,必须把工件的两侧平面夹牢,以免损坏螺杆螺母的棱角。

使用活络扳手不能反方向用力,否则容易扳裂活络扳唇;不准用钢管套在手柄上作为加力杆使用;不准作为撬棍撬重物;不准把扳手当手锤,否则将会对扳手造成损坏。

(五)电工刀

电工刀在电气操作中主要用于剖削导线绝缘层、削制木榫、切割木台缺口等。由于其刀柄处没有绝缘,因此不能用于带电操作。割削时刀口应朝外,以免伤手。剖削导线绝缘层时,刀面与导线成45°角倾斜切入,以免削伤线芯。

(六)镊子

镊子主要用于夹持导线线头、元器件、螺钉等小型工件或物品,多用不锈钢材料制成,弹性较强。常用类型有尖头镊子和宽口镊子。其中尖头镊子主要用于夹持较小物件,宽口镊子可夹持较大物件。

(七)剥线钳

剥线钳主要用于剥削直径在 6mm 以下的塑料或橡胶绝缘导线的绝缘层,由钳头和手柄两部分组成,它的钳口工作部分有 0.5~3mm 的多个不同孔径的切口,以便剥削不同规格的芯线绝缘层。剥线时,为了不损伤线芯,线头应放在大于线芯的切口上剥削。

二、导线连接工艺要求

(一)导线连接的基本要求

在配线过程中,因出现线路分支或导线太短,经常需要将一根导线与另一根导线连接。在各种配线方式中,导线的连接除了针式绝缘子、鼓形绝缘子、蝶形绝缘子配线可在布线中间处理外,其余均需在接线盒、开关盒或灯头盒内等处理。导线的连接质量对安装的线路能否安全、可靠运行影响很大。常用的导线连接方法有绞合连接、焊接、压接、螺栓连接等。其基本要求如下:①剖削导线绝缘层时,无论用电工刀还是剥线钳,都不得损伤线芯。②接头应牢固可靠,其机械强度不小于同截面面积导线的80%。③连接电阻要小。④绝缘要良好。

(二)导线绝缘层的剖削

1. 塑料硬线绝缘层的剖削

(1)线芯截面在 $4mm^2$ 及以下的塑料硬线用钢丝钳剖削。根据线头所需长短,先用钢丝钳刀口轻轻切破绝缘层,然后用左手拉紧导线,右手适当用力捏住钢丝钳头部,用力向外勒去绝缘层。

(2)线芯面积大于 $4mm^2$ 的塑料硬线可用电工刀剖削绝缘层。根据所需长度用电工刀以 $45°$ 角倾斜切入塑料绝缘层,接着刀面与导线层成 $25°$ 角左右向外削去上面一层,再将未削去的绝缘层向后扳翻并齐根切去。

2. 塑料软线绝缘层的剖削

塑料软线绝缘层只能用剥线钳或钢丝钳剖削,不可用电工刀剖削,剖削方法同上。

3. 塑料护套线的护套层和绝缘层的剖削

用电工刀剖削塑料护套线的护套层,根据所需长度,将刀尖对准两股芯线的中缝划开护套层,然后向后扳翻护套层,用电工刀齐根切去。在距离护套层 $5\sim10mm$ 处,用电工刀以 $45°$ 角倾斜切入绝缘层,其他剖削方法与塑料硬线剖削方法相同。

(三)导线的连接

1.单股铜芯导线的直线连接

单股铜芯导线的直线连接有绞接和缠卷两种方法。截面积较小（6mm²）的导线，一般多用绞接法；截面积较大（10mm²）的导线，因绞接困难，则多用缠卷法。

(1)绞接法。把去除绝缘层及氧化层的两根线头的芯线成 X 相交，互相绞绕 2～3 圈，再扳直两线头，然后将每根线头在芯线上缠绕 6 圈，多余的线头用钢丝钳剪去，并钳平芯线的末端及切口的毛刺。

(2)缠卷法。缠卷法也称绑线连接法，先将两线端用钢丝钳稍作弯曲，相互合并，然后用直径约为 1.6mm 的裸铜导线紧密地缠绕在两根导线的合并部分。缠绕长度视导线的粗细而定：导线直径在 5mm 以下时，缠卷约 60mm；导线直径在 5mm 以上时，缠卷约 90mm。

2.单股铜芯导线的 T 字分支连接

(1)绞接法。把去除绝缘层及氧化层的支路线芯的线头与干线线芯十字相交，使支路线芯根部留出 3～5mm 裸线，接着将支路线芯按顺时针方向紧贴干线线芯密绕 6～8 圈，然后用钢丝钳切去余下线芯，并钳平线芯的末端及切口毛刺。

(2)缠卷法。先将分支做直角弯曲，并在其端部稍作弯曲，然后将两线合并，用裸铜导线紧密缠卷，缠卷 5 圈同直线连接。

3.多股铜芯导线的直线连接

多股导线一般分为 7 股和 19 股。首先把除去绝缘层和氧化层的芯线线头分成单股散开并拉直，在线头总长(离根部距离的)1/3 处顺着原来的扭转方向将其绞紧，余下的 2/3 长度的线头分散成伞形。将两股伞形线头相对，隔股交叉直至伞形根部相接，然后捏平两边散开的线头。接着 7 股铜芯线按根数 2、2、3 分成三组，先将第一组的两根线芯扳到垂直于线头的方向，按顺时针方向缠绕 2 圈，再弯下扳成直角使其紧贴芯线。第二组、第三组线头仍按第一组的缠绕办法紧密缠绕在芯线上；最后一组线头应在芯线上缠绕 3 圈，在缠到第三圈时，把前两组多余的线端剪除，使该两组线头断面能被最后一组第三圈缠绕完的线匝遮住,最后用钢丝钳钳平线头,修理好毛刺。用同样方法做另一端。

4.多股铜芯导线的 T 字分支连接

先把除去绝缘层和氧化层的两根线头分别散开并拉直,在靠近绝缘层 1/8 处将该段线芯绞紧,把余下部分的线芯分成两组(7 股线分为一组 4 股,一组 3 股;19 线分为一组 9 股,一组 10 股)排齐,然后用螺丝刀把去除绝缘层的干线线芯撬分成两组,把支路线芯中 4 股的一组插入干线两组线芯中间,把支线的 3 股线芯的一组放在干线线芯的前面。接着把 3 股线芯的一组往干线一边按顺时针方向紧紧缠绕 3～4 圈。最后把 4 股线芯的一组按逆时针方向往干线的另一边缠绕 4～5 圈,剪去多余线头,钳平线端。

5.导线绝缘层的恢复

在线头连接完工后,导线连接前所破坏的绝缘层必须恢复,且恢复后的绝缘强度一般不应低于剖削前的绝缘强度,方能保证用电安全。电力线路恢复线头绝缘层常用黄蜡带、涤纶薄膜带和黑胶带(黑胶布)三种材料。绝缘带宽度选 20mm 比较适宜。包缠时,先将黄蜡带从线头的一边在完整绝缘层上离切口 40mm 处开始包缠,使黄蜡带与导线保持 55°的倾斜角,后一圈压叠在前一圈 1/2 的宽度上,常称为半迭包。黄蜡带包缠完以后将黑胶带接在黄蜡带尾端,朝相反方向斜叠包缠,仍倾斜 55°,后一圈仍压叠前一圈的 1/2。

三、导线的选择

实践中,我们安装电路时,都是用导线将所有的元器件连接成一个完整的电路的。那导线怎么选择? 是不是可以任意选择呢? 下面我们以家庭照明用电导线选择为例来介绍导线的选择。

一套完整的住宅配电系统,除了对线路的布局、用电设备的位置进行设计外,如何根据家庭用电设备的功率、电压等级等选择导线的型号、规格是非常重要的。现代住房电路装修的基本要求是安全、耐用、美观。为了达到这些要求,在导线材料型号、规格等的选择上应满足以下要求。

(一)电路的设计和安装的具体要求

(1)导线的载流量必须满足用电设备的要求,即长时间通电运行,其发热温度不超过允许值。

(2)照明电线的耐压等级应符合家庭照明电压的要求,即它们的绝缘层在220V照明电压下能长时间安全稳定地工作。

(3)导线的机械强度应能满足室内布线的要求,即在施工及使用过程中不会被拉断、扭伤等。

室内电路布线,导线和其他材料耐压等级不难解决,因目前市场上供应的产品耐压多在500V以上,可直接选购。现代家庭的线路安装多用管道在墙体、天棚或地坪下安装,电线不会受到明显的机械应力,所以不用过多考虑电线的机械强度。在家庭电路的安装中,必须认真、仔细地根据家庭用电设备功率测算电线及其他用电器材的载流量,确定其型号、规格,方能在市场上选购。

(二)主线路容量的选择

统计出家庭用电设备耗电的千瓦(kW)数,按单相供电(220V)计算,每千瓦的功率对应的电流为4.5A(1000/220=4.545)的总电流。在估算时应考虑家用电器中电机的使用情况,如电冰箱、空调器、洗衣机、电风扇、吸尘器等的动力都用电机,这些电机的功率因数在0.8左右,通常按0.8进行估算。电热器具如电饭煲、电炒锅、电炉、白炽灯等功率因数可视为1。其家庭总用电电流由如下两部分组成。

(1)电热器具及白炽灯照明用电电流,电热器具、白炽灯总千瓦数×4.5A。

(2)电动工具与荧光灯照明用电,[(电动器具、荧光灯总千瓦数)/0.8]×4.5A。上述两项电流的总和为该家庭用电电流总和。家庭配电,一般选用铜芯塑料导线,采取多根(2根或3根)导线穿在同一塑料管内。所选主导线的截面积可根据家庭用电总电流来选择。通常家庭用电电流总和在10A以下的,选截面积为1.0mm²的导线;在10～14A之间的,选截面积为 1.5mm² 的导线；在 14～19A 之间的，选截面积为 2.5mm² 的导线；在 19～26A 之间的，选截面积为 4.0mm² 的导线；在 26～34A 之间的，选截面积为 6.0mm² 的导线；在 34～46A 之间的，选截面积为 10mm² 的导线；在 46～61A 之间的，选截面积为 16mm² 的导线；在 61～80A 之间的，选截面积为 25mm² 的导线。

(三)支路电线的选择

家庭支路是指从总开关出现分路后，分别送往客厅、饭厅、厨房、厕所及各卧室的电路。其计算和选择方法与上述总线部分相同。但因这些地方常有较大功率的电器，如客厅、饭厅、卧室有空调，厨房有电冰箱、电饭锅、电炒锅、抽油烟机(或排气扇)，厕所有浴霸、洗衣机等，因此在对这些房间设计供电线路时，除了按上述规则计算外，还应留有足够的余量。特别注意大功率电器的电源引线必须从家庭配电箱中直接引出，不允许连接在家庭其他配电线路中，否则严重过载，容易导致短路、火灾等严重事故。

四、导线的连接与绝缘层的恢复

(一)任务实施目的

(1)会使用电工刀和钢丝钳或剥线钳剖削各种导线。

(2)会单股、多股导线的直线连接和 T 形分支连接。

(3)会导线的绝缘层恢复。

(二)使用工具及器材

(1)电工刀、剥线钳、钢丝钳各 1 把/组。

(2)1.2m 长的芯线截面积为 BV2.5mm²(1/1.76mm)和 BV4mm²(1/2.24mm)的单股塑料绝缘铜芯线各 2 根/组。

(3)1.2m 长的芯线截面积为 BV10mm²(7/1.33mm)和 BV16mm²(7/1.7mm)的 7 股塑料绝缘铜芯线各 2 根/组。

(4)多种规格的塑料硬线、软线、护套线各 2 根/组。

(5)电工实验台 1 台/组。

(6)绝缘胶带(黄蜡带、黑胶布)各 1 卷/组。

(三)实施内容与步骤

1.导线的认识

(1)BV:聚氯乙烯绝缘铜芯线,单芯线。

(2)BVV:聚氯乙烯护套铜芯线,两芯线。

(3)BLV:聚氯乙烯护套铝芯线,两芯线。

(4)BVVB:聚氯乙烯护套铜芯线,三芯线。

2.导线线头绝缘层的剖削

(1)用电工刀剖削废塑料硬线和塑料护套线绝缘层。

(2)用钢丝钳剖削塑料硬线和塑料软线绝缘层。

注意:①塑料软线不可用电工刀剖削,使用电工刀剖削时,刀口向外不要伤手;②用钢丝钳剖削刀口切破绝缘层时,注意掌握刀口力度,不要伤及线芯。

3.导线的连接

(1)2 根长 1.2m 的 BV2.5mm²(1/1.76mm)塑料铜芯线做直线连接。

(2)2 根长 1.2m 的 BV4mm²(1/2.24mm)塑料铜芯线做 T 字分支连接。

(3)2 根长 1.2m 的 BV10mm²(7/1.33mm)塑料铜芯线做直线连接。

(4)2 根长 1.2m 的 BV16mm²(7/1.7mm)塑料铜芯线做 T 字分支连接。

注意:①导线连接缠绕方法要正确;②缠绕后导线要保持平直光滑、紧密整齐。

4.绝缘层的恢复

(1)2 根长 1.2m 的 BV10mm²(7/1.7mm)塑料铜芯硬线直线连接的绝缘层恢复。

(2)2 根长 1.2m 的 BV16mm²(7/1.7mm)塑料铜芯硬线 T 字分支连

接的绝缘层恢复。

(四)注意事项

(1)380V 导线绝缘层恢复,应先包缠 2 层黄蜡带,再包缠一层黑胶带;220V 电压的导线绝缘层恢复,可先包一层黄蜡带,再包一层黑胶带。

(2)包缠绝缘带时,要适当用力,不能太松,更不能露出芯线,以免造成事故。

(3)恢复绝缘层后,浸入常温水中 30min,应不渗水。

(4)存放绝缘带时,不可放在温度很高的地方,也不可被油类浸蚀。

第二节　照明电路的安装与故障排除

一、正弦交流电的特征及其表示方法

(一)交流电路概述

交流电与直流电的区别在于:直流电的方向、大小不随时间变化,而交流电的方向、大小都随时间做周期性的变化,并且在一周期内的平均值为零。大小和方向随时间按照正弦规律变化的交流电称为正弦交流电。正弦电压和电流等物理量。常统称为正弦量。频率、幅值和初相位就称为确定正弦量的三要素。

(二)正弦交流电的三要素

以电流为例介绍正弦量的基本特征。依据正弦量的概念,设某支路中正弦电流在选定参考方向下的瞬时值表达式为 $i = I_m \sin(\omega t + \varphi_i)$

1. 瞬时值和最大值

把任意时刻正弦交流电的数值称为瞬时值,用小写字母表示,如 i,u 及 e 表示电流、电压及电动势的瞬时值。瞬时值有正、有负,也可能为零。

最大的瞬时值称为最大值(也叫幅值、峰值),用带下标的小写字母表示,如 I_m、U_m 及 E_m 分别表示电流、电压及电动势的最大值。

2. 频率与周期

正弦量变化一次所需的时间(秒)称为周期 T。每秒内变化的次数称为频率,它的单位是赫兹(Hz)。我国和大多数国家都采用 50Hz 作为电力标准频率,习惯上称为工频。

角频率是指交流电在 1s 内变化的电角度。若交流电在 1s 内变化了 f 次,则可得角频率与频率的关系式为:

$$\omega = \frac{2\pi}{T} = 2\pi f$$

3. 初相

正弦量的相位角或相位,反映出正弦量变化的进程。t=0 时的相位角称为初相位角或初相位。规定 U、I 的相位差初相的绝对值不能超过 π。用下式表示:

$$\begin{cases} u = U_m \sin(\omega t + \varphi_u) \\ i = I_m \sin(\omega t + \varphi_i) \end{cases}$$

(三)相位差

两个同频率正弦量的相位角之差或初相位角之差,称为相位差,用 φ 表示。电压 u 和电流 i 的相位差为:$\varphi = (\omega t + \varphi_u) - (\omega t + \varphi_i) = \varphi_u - \varphi_i$。

$\varphi_u > \varphi_i$,则 u 较 i 先到达正的幅值。

在相位上 u 比 i 超前 φ 角,或者说 i 比 u 滞后 φ 角。

初相相等的两个正弦量,它们的相位差为零,这样的两个正弦量称为同相。同相的两个正弦量同时到达零值,同时到达最大值,步调一致。两个正弦量在同一时刻到达零值,同一时刻一个到达正向最大值,一个到达负向最大值,这两个正弦量称为反相,它们的相位差 φ 为 180°。

上述关于相位关系的讨论,只是对同频率正弦量而言。而两个不同频率的正弦量,其相位差不再是一个常数,而是随时间变化的,在这种情况下讨论它们的相位关系是没有任何意义的。

(四)有效值

我们日常使用的照明电是 220V,那么 220V 是交流电的最大值还是瞬时值,还是其他的值呢?

　　我们都知道交流电的大小是变化的,若用最大值衡量它的大小显然夸大了它的作用,而随意用某个瞬时值表示肯定又是不准确的。那么如何用某个数值准确地描述交流电的大小呢?人们往往通过电流的热效应来确定。把一个交流电 i 与直流电 I 分别通过两个相同的电阻,如果在相同的时间内产生的热量相等,则这个直流电 I 的数值就称为交流电 i 的有效值。有效值的表示方法与直流电相同,即用大写字母 U、I 分别表示交流电的电压与电流的有效值,但其本质与直流电不同。

　　直流电 I 通过电阻 R 在一个周期 T 内所产生的热量为:$Q = I2RT$

　　交流电 i 通过电阻 R 在一个周期 T 内所产生的热量:$Q = \int_{T0} i^2 t^2 R dt$

　　由于产生的热量相等,所以交流电流的有效值为:

$$I = \sqrt{\frac{1}{T \int_{T0} i^2 t^2 dt}}$$

　　将 $i = I_m \sin(\omega t + \varphi_i)$ 代入上式并整理得:

$$I = \frac{I_m}{\sqrt{2}} = 0.707 I_m$$

　　同理可得:

$$U = \frac{U_m}{\sqrt{2}} = 0.707 U_m$$

　　上述两个式子说明正弦量的有效值是最大值的 $\frac{1}{\sqrt{2}}$(0.707)倍。一般所讲的正弦电压或电流都指的是有效值。所以我们说照明电的 220V 是交流电的有效值,不是瞬时值,也不是最大值。同样,交流电器设备的铭牌上所标的电压、电流都是有效值。一般交流电压表、电流表的标尺也是按有效值刻度的。例如"220V,60W"的日光灯,是指它的额定电压的有效值为 220V。如不加说明,交流量的大小皆指有效值。

二、单一参数正弦交流电路

(一)纯电阻电路

1. 元件上电压和电流关系

纯电阻电路是最简单的交流电路。在日常生活和工作中接触到的白炽灯、电炉、电烙铁等,都属于电阻性负载,它们与交流电源连接组成纯电阻电路。

设电阻两端电压为 $u(t) = U_m \sin\omega t$,则:

$$I(t) = \frac{u(t)}{R} = \frac{U_m}{R} = I_m \sin\omega t$$

比较电压和电流的关系式可见:电阻两端电压 u 和电流 i 的频率相同,电压与电流的有效值(或最大值)的关系符合欧姆定律,而且电压与电流同相(相位差 $\varphi = 0$)。它们在数值上满足关系式:

$$\begin{cases} U = RI \\ I = \dfrac{U}{R} \end{cases}$$

2. 电阻元件的功率

(1)瞬时功率。电阻中某一时刻消耗的电功率叫瞬时功率,它等于电压 u 与电流 i 瞬时值的乘积,并用小写字母 p 表示。

$$p = p_R = ui = U_m I_m \sin^2\omega t$$

$$= U_m I_m \frac{1 - \cos 2\omega t}{2}$$

$$= UI(1 - \cos 2)\omega t$$

在任何瞬时,恒有 p...0,说明电阻只要有电流就消耗能量,将电能转化为热能,它是一种耗能元件。

(2)平均功率。工程中常用瞬时功率在一个周期内的平均值来表示功率,称为平均功率,用大写字母 P 表示。

$$O = \frac{U_m I_m}{2} = UI = I^2 R = \frac{U^2}{R}$$

表达方式与直流电路中电阻功率的形式相同,但式中的 U、I 不是直流电压、电流,而是正弦交流电的有效值。

(二)纯电感电路

1. 电感元件的电压和电流关系

设电路正弦电流为 $i = I_m \sin\omega t$,在电压、电流关联参考方向下,电感元件两端电压为 $u = L\dfrac{di}{dt}\omega L I_m \cos\omega t = \omega L I_m \sin(\omega t + 90°) = U_m \sin(\omega t + 90°)$

比较电压和电流的关系式可见:电感两端电压 u 和电流 i 也是同频率的正弦量,电压的相位超前电流 90°,电压与电流在数值上满足关系式:

$$\begin{cases} U_m = \omega L I_m \\ \dfrac{U_m}{I_m} = \dfrac{U}{I} = \omega L \end{cases}$$

2. 感抗的概念

电感具有对交流电流起阻碍作用的物理性质,所以称为感抗,用 XL 表示,即:$XL = \omega L = 2\pi f L$。感抗表示线圈对交流电流阻碍作用的大小。当 $f = 0$ 时,$XL = 0$,表明线圈对直流电流相当于短路。这就是线圈本身所固有的"直流畅通,高频受阻"作用。用相量表示电压与电流的关系为:$U· = jXL = j\omega L$。

3. 电感元件的功率

(1)瞬时功率

$$p = pL = u·i = U_m \sin(\omega t + 90°)I_m \sin\omega t = \frac{1}{2}U_m I_m \sin2\omega t$$

(2)平均功率。纯电感条件下电路中仅有能量的交换而没有能量的损耗。

工程中为了表示能量交换的规模大小,将电感瞬时功率的最大值定义为电感的无功功率,简称感性无功功率,用 QL 表示。QL 的基本单位是乏(var)。即:

$$Q_L = UI = I^2 X_L = \frac{U^2}{X_L}$$

(三)纯电容电路

1.元件的电压和电流关系

如果在电容 C 两端加一正弦电压 $u = U_m \sin\omega t$。

则：

$$i = C\frac{du}{dt} = CU_m \frac{d}{dt}(\sin\omega t)$$

$$= \omega CU_m \cos\omega t$$

$$= \omega CU_m \sin(\omega t + 90°)$$

$$= I_m \sin(\omega t + 90°)$$

比较电压和电流的关系式可见:电容两端电压 u 和电流 i 也是同频率的正弦量,电流的相位超前电压 90°。电压与电流在数值上满足关系式:

$$\begin{cases} I_m = \omega CU_m \\ \dfrac{U_m}{I_m} = \dfrac{U}{I} = \dfrac{1}{\omega C} \end{cases}$$

2.容抗的概念

电容具有对交流电流起阻碍作用的物理性质,所以称为容抗,用 XC 表示,即:

$$X_c = \frac{1}{\omega C} = \frac{1}{2\pi fC}$$

3.电容元件的功率

(1)瞬时功率,其表达式为:

$$p = p_c = u i U_m \sin\omega t \cdot I_m (\omega t + \frac{\pi}{2})$$

$$= U_m I_m \omega t \cos\omega t$$

(2)平均功率。

纯电容元件的平均功率:$P = 0$。为了表示能量交换的规模大小,将电容瞬时功率的最大值定义为电容的无功功率,或称容性无功功率,用 Q_c 表示,即:

$$Q_c = UI = I^2 X_c = \frac{U^2}{X_c}$$

三、正弦交流电路中的功率及功率因数的提高

电类设备及其负载都要提供或吸收一定的功率,如某台变压器提供的容量为 250kVA,电机的额定功率为 2.5kW,一盏白炽灯的功率为 60W 等。由于电路中负载性质的不同,它们的功率性质及大小也各自不一样。前面所提到的感性负载就不一定全部都吸收或消耗能量,所以我们要对电路中的不同功率进行分析。电力系统中的负载大多是呈感性的。这类负载不单消耗电网能量,还要占用电网能量,这是我们所不希望的。日光灯负载内带有电容器就是为了减少感性负载占用电网的能量。这种利用电容来达到减少占用电网能量的方法称为无功补偿法,也就是后面我们提到的提高功率因数。

(一)正弦交流电路中的功率

1. 瞬时功率

若通过负载的电流为 $i = I_m \sin\omega t$,则负载两端的电压为 $u = U m \sin(\omega t + \varphi)$。在电流、电压关联参考方向下,瞬时功率:

$$p = ui = U_m \sin(\omega t + \varphi) I_m \sin\omega t = UI\cos\varphi - UI\cos(2\omega t + \varphi)$$

2. 平均功率(有功功率)

一个周期内瞬时功率的平均值称为平均功率,也称有功功率。有功功率为: $P = UI\cos\varphi$。

3. 无功功率

电路中的电感元件与电容元件要与电源之间进行能量交换,根据电感元件、电容元件的无功功率,于是: $Q = (UL - UC)I = (XL - XC)I2 = UI\sin\varphi$。在既有电感又有电容的电路中,总的无功功率为 QL 的 QC 代数和,即: $Q = QL - QC$。

4. 视在功率

用额定电压与额定电流的乘积来表示视在功率,即 $S = UI$。视 在功

率常用来表示电器设备的容量,其单位为伏安。视在功率不是表示交流电路实际消耗的功率,而是表示电源可能提供的最大功率,或指某设备的容量。

5.功率三角形

将交流电路表示电压间关系的电压三角形的各边乘以电流 I 即成为功率三角形,即 $P = UI\cos\varphi$,$Q = UI\sin\varphi$,$S = \sqrt{P^2 + Q^2}$ $\varphi = \arctan\dfrac{Q}{P}$

6.功率因数

功率因数 $\cos\varphi$,其大小等于有功功率与视在功率的比值,在电工技术中,一般用 λ 表示。

(二)功率因数的提高

1.提高功率因数的意义

从功率三角形中可以看出:

$$\lambda = \cos\varphi = \frac{P}{S}$$

可见,正弦交流电路的功率因数等于有功功率与视在功率的比值。因此,电路的功率因数能够表示出电路实际消耗功率占电源功率容量的百分比。

在交流电力系统中,负载多为感性负载。例如常用的感应电机,接上电源时要建立磁场,除了需要从电源取得有功功率外,还要由电源取得磁场的能量,并与电源做周期性的能量交换。在交流电路中,负载从电源接收的有功功率 $P = UI\cos\varphi$,显然与功率因数有关,功率因数过低会引起不良后果。

负载的功率因数低,使电源设备的容量不能充分利用,因为电源设备(发电机、变压器等)是依照其额定电压与额定电流设计的。例如一台容量为 S=100kVA 的变压器,当负载的功率因数 λ=1 时,此变压器就能输出 100kW 的有功功率;当 λ=0.6 时,此变压器只能在输出 60kW 的有功功率,也就是说变压器的容量未能充分利用。

　　线路的电压降和功率损失越大。这是因为输电线路电流 I＝P/（Ucosφ），当 λ＝cosφ 较小，在一定的电压 U 下，向负载输送一定的有功功率 P 时，负载的功率因数越低，输电时，I 必然较大，从而输电线路上的电压降也要增加，因电源电压一定，所以负载的端电压将减少，这会影响负载的正常工作。同时，电流 I 增加，输电线路中的功率损耗也要增加。因此，提高负载的功率因数对合理、科学地使用电能以及对国民经济发展都有着重要的意义。

　　常用的感应电机在空载时的功率因数约为 0.2～0.3，在轻载时只有 0.4～0.5，而在额定负载时约为 0.83～0.85；不装电容器的日光灯，功率因数为 0.45～0.6，应设法提高这类感性负载的功率因数，以降低输电线路电压降和功率损耗。

　　2. 提高功率因数的方法

　　提高功率因数常用的方法是在感性负载的两端并联电容器在感性负载 RL 支路上并联电容器 C 后，流过负载支路的电流、负载本身的功率因数及电路中消耗的有功功率不变。即：$P＝RI21＝UIcosφ$。

　　总电压 u 与总电流 i 的相位差 φ 减小了，总功率因数 cosφ 增大了。这里所讲的功率因数是指电源或电网的功率因数提高，而不是提高某个感性负载的功率因数。另外，由相量图可见，并联电容器以后线路电流也减小了，因而减小了功率损耗。

四、功率表和电度表的正确安装与使用

(一)功率表

　　功率表用于测量直流电路和交流电路的功率，又称电力表或瓦特表。在交流电路中，根据测量电流的相数不同，又分为单相功率表和三相功率表。

　　1. 功率表的结构

　　电功率由电路中的电压和电流决定，因此用来测量电功率的仪表有两个线圈，分别是电压线圈和电流线圈。

功率表大多采用电动式仪表的测量机构。它的固定线圈导线较粗,匝数较少,称为电流线圈;可动线圈导线较细,匝数较多,串有一定的附加电阻,称为电压线圈。

线圈标有"＊"一端应接电源,另一端接负载。电压线圈上标有"＊"的电压端钮可以接至电流线圈的任一端,电压线圈的另一端则跨接至负载另一端,即电压线圈"＊"端有前接和后接之分。

2.直流功率和单相交流功率的测量

直流电功率可以用电压表和电流表间接测量求得,也可用功率表直接测量。接线方法同上,电流线圈应与负载串联,电压线圈(包括附加电阻)应与负载并联。特别要注意的是电流线圈和电压线圈的始端标记"＊",应把这两个始端接于电源的同一侧,使通过这两个基本点接线端电流的参考方向同为流进或流出,否则指针将要反转。

功率表的电压线圈和电流线圈均各有几个量程。改变电压量程的方法和伏特计一样,即用改变分压器的串联电阻值来扩大量程。电压一般有 2 个或 3 个量程,而电流线圈常常由两个相同的线圈组成。当两个线圈并联时,电流量程要比串联时增大一倍。因电流有两个量程,所以使用瓦特表测量功率时,要根据被测电压的大小选择瓦特表的电压量程,又要根据被测电流的大小选择电流量程(即电流线圈串联或并联)。由于功率表是多量限的,所以它的标度尺只标有分格数。在选用不同的电流量程和电压量程时,每一分格代表不同的瓦特数。因此在使用功率表时,要注意被测量的实际值与指针读数之间的换算关系。

假定在测量时,功率表指针读数为 α 格,则被测功率的数值(单位用瓦)应为:$P = C \cdot \alpha$。

式中:C 为功率表的分格常数,单位为瓦/格。

$$C = \frac{V_N I_N}{\alpha_N}$$

式中:α_N 为功率表标度尺的满刻度的格数;V_N 为所使用的电压线圈的额定值(标注在电压线圈的接线端钮旁边);I_N 为所使用的电流线圈的

额定值。标注在表盖上,而在表盖上有四个电流接线钮,用两片金属连接片串联或并联来改变电流额定值。单相交流功率测量时的接线和读数方法与测量直流功率时完全相同。

3.功率表使用注意事项

选用功率表时应注意功率表的电流量程应大于被测电路的最大工作电流,电压量程也应大于被测电路的最高工作电压。

功率表的表盘刻度只标明分格数,往往不标明瓦特数。不同电流量程和电压量程的功率表,每个分格所代表功率不一样,在测量时,应将指针所示分格数乘以分格常数,才能得到被测电路的实际功率。

(二)单相电度表

1.单相电度表的结构

单相电度表由测量机构和辅助组件两大部分组成。测量机构是电能表的核心部分,它包括以下五部分。

(1)驱动部分。也称驱动组件,它由电压组件和电流组件组成。其作用是产生驱动磁场,并与圆盘相互作用产生驱动力矩,使电能表的转动部分做旋转运动。

(2)转动部分。由铝制圆盘和转轴组成,并配以支撑转动的轴承。轴承分为上、下两部分,上轴承主要起导向作用;下轴承主要用来承担转动部分的全部重量,它是影响电能表准确度及使用寿命的主要部件,因此对其质量要求较高。感应式长寿命技术电能表一般采用没有直接摩擦的磁力轴承。

(3)制动磁钢。它由永久磁铁和磁根组成,作用一是在铝制圆盘转动时产生制动力矩使其匀速旋转,二是使转速与负荷的大小成正比。

(4)计度器。蜗轮通过减速轮、字码轮把电能表铝制圆盘的转数变成与电能量相对应的指示值,其显示单位就是电能表的计量单位,有功电能表的计量单位是 kW·h,无功电能表的计量单位是 kvar·h。

(5)辅助部件。它包括基架、底座、表盖、端钮盒、铭牌等。

2.单相电度表的接线方法

(1)单相有功电能表跳入式接线。单相有功电能表跳入式接线。接线特点是:电能表的1、3号端子为电源进线;2、4号端子为电源出线,并且与开关、熔断器、负载连接。

(2)单相有功电能表顺入式接线。单相有功电能表顺入式接线。接线特点是:电能表的1、2号端子为电源进线;3、4号端子为电源出线,并且与开关、熔断器、负载连接。

五、照明电路的符号、原理图和接线图

(一)照明电路的符号

一般家庭照明电路比较简单,其涉及的元件有空气开关、照明灯、开关、插座等。

空气开关可用来分配电能、不频繁地启动电机、对供电线路及电机等进行保护,当它们发生严重的过载或短路及欠压等故障时能自动切断电路,而且在分断故障电流后一般不需要更换零件,因而获得了广泛应用。低压断路器按用途分,有配电(照明)、限流、灭磁、漏电保护等几种;按动作时间分,有一般型和快速型;按结构分,有框架式(万能式DW系列)和塑料外壳式(装置式DZ系列)。

(二)照明电路的原理

照明电路的原理图并不按元件的实际位置来绘制,而是根据工作原理绘制的。在原理图中,一般根据各个元件在电路中所起的作用,将其画在不同的位置上,而不受实物位置所限。有些不影响电路工作的元件,如插件、接线端子等,大多可略去不画。

(1)图中各元件的图形符号和文字符号均应符合最新国家标准中给出的几种形式,选择图形符号应遵循以下原则:

①尽可能采用优选形式。

②在满足需要的前提下,尽量采用最简单的形式。

③在同一图号的图中使用同一种形式的图形符号和文字符号。如果

采用标准中未规定的图形符号或文字符号时,必须加以说明。

(2)图中所有电气开关和触头的状态,均以线圈未通电、手柄置于零位、无外力作用或初始状态画出。

(3)图中的连接线、设备或元件的图形符号的轮廓线都应使用实线绘制。

(三)照明电路的接线图

在绘制接线图时,一般应遵循以下原则。

(1)接线图应表示出各元件的实际位置。

(2)接线图中元件的图形符号和文字符号应与原理图一致,以便对照查找。

六、室内配线的基本要求和工序

(一)室内配线的基本要求

1.配线方式

根据敷设方式的不同,通常可将室内配线分为明敷设和暗敷设两种。明敷设指的是将绝缘导线直接敷设于墙壁、顶棚的表面及桁架、支架等处,或将绝缘导线穿于导管内敷设于墙壁、顶棚的表面及桁架、支架等处。暗敷设指的是将绝缘导线穿于导管内,在墙壁、顶棚、地坪、楼板等内部敷设或在混凝土板孔内敷设。室内常用配线方法有瓷瓶配线、导管配线、塑料护套线配线、钢索配线等。

2.配线基本要求

由于室内配线方法的不同,技术要求也有所不同,但无论何种配线方法均必须符合室内配线的基本要求,即室内配线应遵循的基本原则。

(1)使用的导线其额定电流应大于线路的工作电流。

(2)导线必须分色,如发现未按红色为相线、蓝色为零线、白色为控制线、双色线(黄/绿)为地线的,必须马上返工。

(3)导线在开关盒、插座盒(箱)内留线长度不应小于150mm。

(4)地线与公用导线如通过盒内不可剪断直接通过的,也应在盒内留一定余地。

(5)如遇大功率用电器,分线盒内主纹达不到负荷要求时,需走专线,且线径的大小和空气开关额定电流的大小要同时考虑。

(6)接线盒(箱)内导线接头采取焊接且须用防水、绝缘黏性好的胶带牢固包缠。

(7)弱电(电话、电视、网线)导线与强电导线严禁共槽共管,弱电线槽与强电线槽平行间距≥300mm,在连接处,电视线必须用接线盒电视分配器连接。

(8)保证施工和运行操作及维修的方便。

(9)室内配线及电器设备安装应有助于建筑物的美化。

(10)在保证安全、可靠、方便、美观的前提下,应考虑其经济性,做到合理施工,节约资金。

(二)室内配线施工工序

(1)定位画线。根据施工图纸确定电器安装位置、线路敷设途径、线路支持件及导线穿过墙壁和楼板的位置等。

(2)预埋支持件。在土建抹灰前对线路所有固定点处应打好孔洞,并预埋好支持件。

(3)装设绝缘支持物、线夹及导管。

(4)敷设导线。

(5)安装灯具、开关、电器设备等。

(6)测试导线绝缘,连接导线。

(7)校验。自检,试通电。

七、电感式镇流器日光灯电路的安装与测试

(一)任务目标

(1)熟悉日光灯的原理。

(2)掌握电感式镇流器日光灯照明电路的安装方法。

(3)掌握交流电流表、电压表、功率表的正确使用方法。

(4)理解改善电路功率因数的意义并掌握其方法。

(二)相关知识

电感式镇流器日光灯电路的工作原理如下：在接通交流电源 220V 的一瞬间，电路中电流没有通路，线路压降全部加在启辉器 S 两端，启辉器产生辉光放电，其产生的热量使启辉器中的双金属片变形弯曲而与静触片接触成通路，这时有较大的电流通过镇流器 L 与灯丝。灯丝被加热而发射电子并使灯管内汞蒸发。在启辉器电极接通后，辉光放电消失。电极温度迅速下降，使双金属片因温度下降而恢复到原来状态。在双金属片脱离接触器的一瞬间，电路呈开路状态，镇流器两端产生一个在数值上比线路电压高的电压脉冲，使灯管 A 点燃，灯管通电后，灯两端的电压仅 100V 左右，因达不到启辉器放电电压而使启辉器停止工作。此时镇流器与灯管串联，起限制灯管工作电流作用。

(三)任务内容与步骤

1. 日光灯线路的安装

(1)将日光灯底座、拉线开关等固定在网状台上，正确连接线路。

(2)接通电源，操作开关，观察日光灯的变化情况。

注意：①镇流器、启辉器和日光灯管的规格应相配套，不同功率不能混用，否则会缩短灯管寿命，造成启动困难；②接线时应使相线进开关。

2. 接好线(不接电容 C)

经指导人员检查后接通实训台电源，调节自耦调压器的输出，使其输出电压缓慢增大，直到日光灯刚启动点亮为止，记下指示值。然后将电压调至 220V，测量功率 P，电流电压等值，验证电压、电流相量关系。

3. 并联电路—电路功率因数的改善

接好线路，经指导老师检查后，接通实训台电源，将自耦调压器的输出调至 220V，记录功率表、电压表读数。通过一只电流表和三个电流插座分别测得三条支路的电流，改变电容值，进行三次重复测量，数据记入相应表中。

(四)注意事项

(1)本实训用交流市电 220V，务必注意用电和人身安全。

(2)功率表要正确接入电路。

(3)线路接线正确,日光灯不能启辉时,应检查启辉器及其接触是否良好。

(五)总结报告要求

(1)完成数据表格中的计算,进行必要的误差分析。

(2)根据测量数据,分别绘出电压、电流相量图,验证相量形式的基尔霍夫定律。

(3)讨论改善电路功率因数的意义和方法。

(4)装接日光灯线路的心得体会及其他。

八、照明电路的安装与故障排除

(一)任务目的

(1)掌握 2 只单刀双掷开关控制一盏白炽灯照明电路的安装方法及故障排除方法。

(2)掌握电感式镇流器日光灯照明电路的安装方法及故障排除方法。

(3)掌握插座安装方法。

(4)掌握照明电路的施工工艺。

(5)掌握检查线路与排除故障方法。

(二)实训器材

(1)630mm×700mm 金属网板(或木板)1 块/组。

(2)实训工作台(含三相电源、常用仪表等)1 台/组。

(3)单刀双掷开关 2 只/组,单联开关 2 只/组。

(4)空气开关 2 个/组。

(5)电度表 1 块/组。

(6)白炽灯 1 盏/组。

(7)日光灯 1 盏/组。

(8)插座 1 个/组。

(9)电热器 1 个/组。

(10)万用表 1 块/组。

(11)电工工具 1 套/组。

(12)导线若干米。

(三)实训电路说明

日常生活中常见的简单照明电路,电路由电度表、开关、白炽灯、日光灯、插座等器件组成。合上电源空气开关 QF1 后,单相电度表不转动;再合上空气开关 QF2,此时电路进入通电状态。

(1)合上开关 S1 或 S2,白炽灯 EL 发亮,电度表表盘旋转(从左向右转),开始计量电能。

(2)合上开关关 S3,日光灯点亮,由于日光灯与白炽灯同时发光,负荷增大,电度表表盘的转速比刚才的速度快了一点。

(3)插座接通,左边是零线,右边是火线,电压是相电压 220V,插上电热器,因为电热器是大功率负载,电度表表盘的转速转得非常快。

安装线路的工艺要求:"横平竖直,拐弯成直角,少用导线少交叉,多线并拢一起走。"其意思是横线要水平,竖线要垂直,转弯要直角,不能有斜线;接线时,要尽量避免交叉线,如果一个方向有多条导线,要并在一起走。

(四)实训内容及步骤

(1)准备好所需的元器件。

(2)用万用表测量所用元器件的好坏。根据测量各种开关、白炽灯、镇流器、日光灯和电热器电阻大小,判断它们的好坏。

(3)根据单刀双掷开关控制,安装 2 只单刀双掷开关控制 1 盏白炽灯电路。先根据安装要求,准备好所需材料;再按照布线工艺,定位后布线;最后安装灯座。

注意:①相线和零线应严格区分,将零线直接接到灯座上,相线经过两只双控开关后,再接到灯头上。对螺口灯座,相线必须接在螺口灯座中心的接线端上,零线接在螺口的接线端上,否则容易发生触电事故。②用双股棉织绝缘软线时,有花色的一根导线接相线,没有花色的导线接零线。③导线与接线螺钉连接时,先将导线的绝缘层剥去合适的长度,再将导线拧紧以免松动,最后拧成圆扣。圆扣的方向应与螺钉拧紧的方向一致,否则旋紧螺钉时,圆扣就会松开。④当灯具需接地(或零)时,应采用单独的接地导线（如黄绿双色）接到电网的零干线上，以确保安全。

（4）日光灯线路的安装。将日光灯底座、拉线开关等固定在金属网板上。

注意：①镇流器、启辉器和日光灯管的规格应相配套，不同功率不能混用，否则会缩短灯管寿命造成启动困难。②接线时应使相线进开关。

（5）插座安装。一般不用开关控制，它始终是不带电的。普通家庭用照明有双孔插座、三孔插座，动力系统插座是三相四孔的。

插座安装方法与挂线盒基本相同，但要特别注意接线插孔的极性。双孔插座在双孔水平安装时，火线接右孔，零线接左孔（即左零右火）；双孔竖直排列时，火线接上孔，零线接下孔（即下零上火）。三孔插座下边两孔接电源，仍为左零右火，上边大孔接保护接地线，它的作用是一旦电气设备漏电到金属外壳时，可通过保护接地线将电流导入大地，消除触电危险。三相四孔插座下边三个较小的孔分别接三相电源相线，上边较大孔接保护地线。

（6）用万用表检查线路情况。将万用表置于 1K 欧姆挡，两个表笔放在 QF2 下方火线、零线上，如果一开始读数为零，则说明线路火线零线有直接短路现象，要马上寻找短路点；当读数显示"∞"时，按下开关 S1 或 S2，如果测到白炽灯的电阻，则表明火线到电灯的线路没有问题。

（7）通过上述检查正确后，合上开关 QF1、QF2，接通电源，合上 S1，S2，S3，观察白炽灯、日光灯的发光情况。

（8）用万用表测量插座上的电压，并判断插座是不是左零右火；电热杯装上半杯水，把电热杯的插头插到插座上，看电热杯是否正常工作。

（9）通电完毕，断开开关 QF1、QF2，切断电源。

第五章　单相电机和吊扇的安装与调试

第一节　线圈同名端的测试

一、磁场的基本概念与物理量

（一）磁感应强度

磁感应强度 B 是表示磁场内某点磁场强弱和方向的物理量。磁感应强度是一个矢量，其方向与该点磁力线的切线方向一致，与产生该磁场的电流之间的方向关系符合右手螺旋定则。

一个在磁场中，并与磁场相垂直的通电导体，受到磁场力的作用，受力的大小与导体中的电流和通电导体有效长度成正比，还与磁感应强度成正比：$F=BLI$。

式中：F 为与磁场垂直的通电导体受到的力，单位是牛[顿]，符号为 N；I 为导体中的电流，单位是安[培]，符号为 A；L 为通电导体在磁场中的有效长度，单位是米，符号为 m；B 为导体所在处的磁感应强度，单位是特[斯拉]，符号为 T。对于一个给定的磁场或磁场中的某一确定点 B，是一个常数，则磁感应强度可写成：$B=\dfrac{F}{LI}$。

在我国法定计量单位中，磁场强度的单位是特斯拉（T），简称特，$1T=1Wb/m^2$（Wb 是磁通单位）。以前在工程上也常用电磁制单位高斯（Gs），它们的关系是：$1T=104Gs$。

磁感应强度既反映了某点磁场的强弱，又反映了该点磁场的方向。磁场中某点磁感应线的切线方向就是该点的磁感应强度的方向。对于某一确定磁场中的某固定点,磁感应强度的大小和方向是确定的。对于磁场中的不同点,磁感应强度的大小和方向未必完全相同。因此,可以用磁感应强度描述磁场中各点的性质。

若磁场内各点的磁感应强度大小相等、方向相同,则该磁场又称匀强磁场。在匀强磁场中,磁感应线是平行、等距的一系列直线。

(二)磁通

磁感应强度 B 仅仅反映了磁场中某一点的性质。在研究实际问题时,往往要考虑某一个面的磁场情况,为此,引入一个新的物理量—磁通,用字母 Φ 表示。磁感应强度 B 和与其垂直的某一截面积 S 的乘积称为通过该面积的磁通。在匀强磁场中,磁感应强度 B 是一个常数,磁通的计算公式为:$\Phi = BS$ 或 $B = \Phi/S$。

磁感应强度 B 在数值上可以看成与磁场方向垂直的单位面积所通过的磁通,故又称磁通密度。磁通 Φ 是穿过垂直于 B 方向的面积 S 中的磁力线总数。

如果不是均匀磁场,则取 B 的平均值。磁通 Φ 的单位为韦[伯](Wb),以前在工程上也常用电磁制单位麦克斯韦(Mx),其关系是:$1Wb = 108Mx$。

(三)磁导率

物质导磁性能的强弱用磁导率 μ 表示。μ 的单位是亨[利]每米,符号 H/m。

不同的物质的磁导率 μ 不同。在相同的条件下,μ 值越大,磁感应强度 B 就越大,磁场越强;μ 值越小,磁感应强度 B 就越小,磁场越弱。由实验测出,真空的磁导率 $\mu_0 = 4\pi \times 10^{-7}$ H/m。其他任意一种物质的导磁性能可用该物质的相对磁导率来 μr 表示,某物质的相对磁导率 μ_r 是其磁导率与 μ_0 的比值,即:

$$\mu_r = \frac{\mu}{\mu_0}$$

凡是 $\mu \approx 1$,即 $\mu \approx \mu_0$ 的物质称为非磁性材料;$\mu r > 1$ 的物质称为铁磁性材料。

(四)磁场强度

磁场强度 H 是为了建立电流与由其产生的磁场之间的数量关系而引入的一个辅助物理量,它也是一个矢量,其方向与 B 的方向相同,即磁场方向。H 与 B 的主要区别是:H 代表电流本身产生的磁场的强弱,它反映了电流的励磁能力,只与产生该磁场的电流以及这些电流的分布情况有关,而与磁介质的性质无关;B 代表电流所产生的以及介质被磁化后所产生的总磁场的强弱,其大小不仅与电流有关,而且还与介质的性质有关。

磁场强度 H 是介质中某点的磁感应强度 B 与介质磁导率 μ 之比。

$$H=\frac{B}{\mu} \text{或 } B=H\mu$$

磁场强度 H 的单位是安培每米(A/m)。

安培环路定律(全电流定律):在稳恒磁场中,磁场强度矢量 H 沿任何闭合回线(常取磁通作为闭合回线)的线积分,等于这闭合路径所包围的各个电流之代数和,即 $\int Hdl=\Sigma I$。

式中:ΣI 为穿过闭合回线所围面积的电流的代数和。

安培环路定律电流正负的规定:任意选定一个闭合回线的围绕方向,凡是电流方向与闭合回线围绕方向之间符合右手螺旋法则的电流作为正,反之为负。在均匀磁场中,$Hl=IN$ 或 $H=\frac{IN}{l}$ 安培环路定律将电流与磁场强度联系起来。

由上例可见,磁场内某点的磁场强度 H 只与电流大小、线圈匝数,以及该点的几何位置有关,与磁场媒质的磁性(μ)无关;而磁感应强度 B 与磁场媒质的磁性有关。

二、磁性材料的磁性能

不同材料的磁导率是不一样的,我们根据导磁能力的大小,可以把物质分为磁性材料和非磁性材料。磁性材料的磁导率很高,是制造变压器、电机、电器等各种电工设备的主要材料;而非磁性物质 $\mu_r \approx 1$。

(一)非磁性物质

非磁性物质分子电流的磁场方向杂乱无章,几乎不受外磁场的影响而互相抵消,不具有磁化特性。

非磁性材料的磁导率都是常数,有: $\mu \approx \mu_0$, $\mu_r \approx 1$。

当磁场媒质是非磁性材料时,有: $B = \mu_0 H$。

即 B 与 H 成正比,呈线性关系。

由于 $B = \dfrac{\Phi}{S}$, $H = \dfrac{NI}{l}$ 所以磁通量中与产生此磁通的电流 I 成正比,呈线性关系。

(二)磁性物质

磁性物质内部形成了许多小区域,其分子间存在的一种特殊的作用力使每一区域内的分子磁场排列整齐,显示磁性,这些小区域称为磁畴。磁性材料主要指铁、镍、钴及其合金等。

在没有外磁场作用的普通磁性物质中,各个磁畴排列杂乱无章,磁场互相抵消,整体对外不显磁性。在外磁场作用下,磁畴方向发生变化,与外磁场方向趋于一致,物质整体显示出磁性,称为磁化,即磁性物质能被磁化。

(三)磁性物质的特性

磁性物质具有以下几个特性。

1.高导磁性

磁性材料的磁导率通常都很高,即 $\mu_r < 1$(如坡莫合金,其 μr 可达 2×10^5)。磁性材料能被强烈的磁化,具有很高的导磁性能。

磁性物质的高导磁性被广泛地应用于电工设备中,如电机、变压器及各种铁磁元件的线圈中都放有铁芯。在这种具有铁芯的线圈中通入不太大的励磁电流,便可以产生较大的磁通和磁感应强度。

2.磁饱和性

磁性物质磁化所产生的磁化磁场不会随着外磁场的增强而无限地增

强,因为当外磁场(或励磁电流)增大到一定值时,磁性物质内部几乎所有磁畴的磁场方向都转向与外部磁场方向一致,因而再增大励磁电流其磁性不能继续增强,而趋向于某一定值,这种现象称为磁饱和性。材料的磁化特性可用磁化曲线,即曲线 B−f(H)来表示。它不是直线,是磁场内磁性物质的磁化磁场的磁感应强度曲线和磁场内不存在磁性物质时的磁感应强度直线在纵坐标相加,即磁场的 B−H 磁化曲线。

3. 磁滞性

铁芯线圈中的电流变化产生交变磁势。在交变磁场中,磁性材料中磁感应强度 B 的变化总是滞后于外磁场变化的,磁性材料的这种性质称为磁性材料的磁滞性。磁性材料在交变磁场中反复磁化,其 B−H 关系曲线是一条回形闭合曲线,称为磁滞回线。从关系曲线可以看出,当线圈中电流减小到 0(H=0)时,铁芯中的磁感应强度不为 0,还存在磁感应强度(剩磁),要使磁感应强度为 0,必须加反向的磁场。我们把所需的 H 值称为矫顽磁力 Hc。磁性物质不同,其磁滞回线和磁化曲线也不同。

(四)磁性物质的分类

按磁性物质的磁性能不同,磁性材料分为三种类型。

1. 软磁材料

软磁材料具有较小的矫顽磁力,磁滞回线较窄。其一般用来制造电机、电器、变压器等的铁芯。常用的软磁材料有铸铁、硅钢、坡莫合金及铁氧体等。

2. 永磁材料

永磁材料具有较大的矫顽磁力,磁滞回线较宽。其一般用来制造永久磁铁。常用的永磁材料有碳钢及铁铝合金等。

3. 矩磁材料

矩磁材料具有较小的矫顽磁力和较大的剩磁,磁滞回线接近矩形,稳定性良好。其在计算机和控制系统中用于记忆元件、开关元件和逻辑元件。常用的矩磁材料有镁锰铁氧体等。

三、磁路的分析方法

(一)磁路的概念

在变压器、电机等电工设备中,为了用较小的电流产生较强的磁场,通常把线圈绕在由铁磁性材料制成的铁芯上。由于铁磁性材料的导磁性能比非磁性材料好得多,因此,当线圈中有电流流过时,产生的磁通绝大部分将集中在铁芯中,沿铁芯而闭合,这部分磁通称为主磁通,用字母 Φ 表示;只有很少一部分磁通沿铁芯以外的空间而闭合,这部分磁通称为漏磁通,用 $\Phi\sigma$ 表示。由于漏磁通很小,因此在工程上常忽略不计。主磁通所通过的闭合路径称为主磁路。

电路有直流和交流之分,磁路也可分为直流磁路和交流磁路,它们具有不同的特点。

(二)磁路的欧姆定律

磁场中磁场强度与励磁电流的关系,遵循物理学中学过的安培环路定律,又称全电流定律,即在磁场中沿任何闭合曲线磁场强度矢量 H 的线积分等于穿过该闭合曲线所围曲面的电流的代数和。其数学表达式为:$\int Hdl = \sum I$。

计算电流 $\sum I$ 时,以预先任取的闭合曲线绕行的方向为准,凡参考方向符合右手螺旋法则的电流为正,反之为负。理想磁路(无漏磁)由一种材料组成,各处截面积相等。若取铁芯中心线作为积分路径 l,沿路径 l 各点的 B 和 H 均有相同的值,其方向处处与积分路径的绕行方向一致(即 H 与 dl 同方向)。匝数为 N 的励磁线圈绕在铁芯上,其中电流为 I,即线圈中电流 I 穿绕磁路 N 次。

(三)磁路分析的特点

(1)在处理电路时不涉及电场问题,在处理磁路时离不开磁场的概念。

(2)在处理电路时一般可以不考虑漏电流,在处理磁路时一般都要考虑漏磁通。

（3）磁路欧姆定律和电路欧姆定律只是在形式上相似,由于 μ 不是常数,其随励磁电流而变,故磁路欧姆定律不能直接用来计算,只能用于定性分析。

（4）在电路中,当 E＝0 时,I＝0;但在磁路中,由于有剩磁,当 Fm＝0 时,Φ 不为零。

(四)磁路的分析计算

1. 主要任务

预先选定磁性材料中的磁通 Φ(或磁感应强度 B),按照所定的磁通、磁路各段的尺寸和材料,求产生预定的磁通所需要的磁通势 Fm＝NI,确定线圈匝数和励磁电流。

2. 基本公式

设磁路由不同材料或不同长度和截面积的 n 段组成,则基本公式为:

NI＝H1l1＋H2l2＋…＋Hnln

即:$NI = \sum_{i=1}^{n} H_i l_i$

3. 基本步骤(由磁通 Φ 求磁通势 Fm＝NI)

(1)求各段磁感应强度 Bi。

各段磁路截面积不同,通过同一磁通 Φ,故有:

$$B_1 = \frac{\Phi}{S_1}, B_2 = \frac{\Phi}{S_2}, \cdots, B_n = \frac{\Phi}{S_n}$$

(2)求各段磁场强度 Hi。

根据各段磁路材料的磁化曲线 Bi＝f(Hi),求 B1,B2,…相对应的 H1,H1,…。

(3)计算各段磁路的磁压降(Hili)。

(4)根据式求出磁通势(NI)。

磁路中含有空气隙时,由于其磁阻较大,磁通势几乎都降在空气隙上面。

结论:当磁路中含有空气隙时,由于其磁阻较大,因此要得到相等的磁感应强度,必须增大励磁电流(设线圈匝数一定)。

四、互感耦合电路

(一)互感的概念

1. 自感与互感现象

两个相邻的闭合线圈 L1 和 L2,若一个线圈中的电流发生变化时,在本线圈中引起的电磁感应现象称为自感,在相邻线圈中引起的电磁感应现象称为互感。在本线圈中相应产生的感应电压称为自感电压,用 $\mu 1$ 表示;在相邻线圈中产生的感应电压称为互感电压,用 μM 表示。注脚中的"12"是说明线圈 1 的磁场在线圈 2 中的作用。

2. 自感电压与互感电压

两线圈通入交变的电流,产生交变的磁场,当交变的磁链穿过线圈 L_1 和 L_2 时,引起的自感电压:

$$uL_1 = L_1 \frac{di_1}{dt}, uL_2 = L_2 \frac{di_2}{dt}$$

式中:L_1、L_2 分别是线圈 1、线圈 2 的自感系数。

自感系数是表示线圈产生自感能力的物理量,常用 L 来表示,简称自感或自感系数。自感系数的单位是亨利,简称亨,符号是 H。

自感电压总是与本线圈中通过的电流取关联参考方向,因此前面均取正号;而互感电压前面的正、负号要依据两线圈电流的磁场是否一致来确定。两线圈电流产生的磁场方向一致,因此两线圈中的磁场相互增强,这时它们产生的互感电压前面取正号;若两线圈电流产生的磁场相互削弱时,它们产生的感应电压前面应取负号。

互感电压中的"M"称为互感系数,单位和自感系数 L 相同,都是亨利(H)。由于两个线圈的互感属于相互作用,因此,对任意两个相邻的线圈总有:

$$M = M_{12} = M_{21} = \frac{\Psi_{12}}{i_1} = \frac{\Psi_{21}}{i_2}$$

互感系数简称互感,其大小只与相邻两线圈的几何尺寸、线圈的匝数、相互位置及线圈所处位置媒质的磁导率有关。互感的大小反映了两相邻线圈之间相互感应的强弱程度。

3. 互感现象的应用和危害

互感现象在电工电子技术中有着广泛的应用,变压器就是互感现象应用的重要例子。

变压器一般由绕在同一铁芯上的两个匝数不同的线圈组成,当其中一个线圈中通上交流电时,另一线圈中就会感应出数值不同的感应电动势,输出不同的电压,从而达到变换电压的目的。利用这个原理,可以把十几伏特的低电压升高到几万甚至几十万伏特,如高压感应圈,电视机输出变压器,电压、电流互感器等。

互感现象的主要危害:由于互感的存在,电子电路中许多电感性器件之间存在着不希望有的互感场干扰,这种干扰影响电路中信号的传输质量。

4. 耦合系数和同名端

(1)耦合系数。两互感线圈之间电磁感应现象的强弱程度不仅与它们之间的互感系数有关,还与它们各自的自感系数有关,并且取决于两线圈之间磁链耦合的松紧程度。

我们把表征两线圈之间磁链耦合的松紧程度用耦合系数 k 来表示:

$$k = \frac{M}{\sqrt{L_1 L_2}}$$

通常一个线圈产生的磁通不能全部穿过另一个线圈,所以一般情况下,耦合系数 k<1,若漏磁通很小且可忽略不计时,k=1;若两线圈之间无互感,则 M=0,k=0。因此,耦合系数的变化范围为:0≤k≤1。

(2)同名端。在实际应用中,电气设备中的线圈都是密封在壳体内,一般无法看到线圈的绕向,因此在电路图中常常也不采用将线圈绕向绘出的方法,通常采用"同名端标记"表示绕向一致的两相邻线圈的端子。

在同一变化磁场作用下,两互感线圈感应电压极性始终保持一致的端子称为同名端。同名端可以实际测定或用以下方法判别:电流同时由两线圈上的同名端流入(或流出)时,两互感线圈的磁场相互增强;否则相互削弱。

(二)互感电路的分析方法

1.互感线圈的串联

互感线圈 L1 和 L2 相串联时有两种情况:第一种情况,一对异名端与电路相接,这种连接方法称为顺接串联(顺串);第二种情况,一对同名端与电路相接,其连接方法称为反接串联(反串)。

2.互感线圈的并联

(1)两对同名端分别相连后并接在电路两端,称为同侧相并。

(2)两对异名端分别相连后并接在电路两端,称为异侧相并。

3.互感线圈的 T 形等效

两个互感线圈只有一端相连,另一端与其他电路元件相连时,为了简化电路的分析计算可根据耦合关系找出其无互感等效电路,称去耦等效法。

五、线圈同名端的测定

(一)任务目的

(1)了解电磁感应现象,理解同名端的意义。

(2)掌握测定同名端的方法,包括直接磁通法、直流法和交流法。

(3)培养动手能力和分析解决实际问题的能力。

(二)相关知识

1.同名端的概念

在同一变化磁通的作用下,几个线圈在任意时刻感应电动势的极性都相同的线圈端子,称为同极性端,又叫同名端。

2.测定同名端的方法

(1)外加一变化磁通,同时穿过 2 个(或 2 个以上的)线圈,测出各个线圈感应电动势的极性,极性相同的即为同名端。

(2)直流法:在几个线圈中的一线圈接通或断开直流电源,测定在开关动作时感应电动势的极性。根据原理判别同名端:电源接通时,其他线圈感应电动势为"正"的线圈端子与接电源线圈接正极的线圈端子为同名端。

(3)交流法:将待测的2个线圈串联后接入适当电源电压,测定总电压和各线圈电压,根据原理,总电压等于2个线圈的电压之和,则两线圈为异名端相接串联;总电压等于2个线圈的电压之差,则两线圈为同名端相接串联。

(三)实施内容及步骤

1. 直接用同一变化磁通测定同名端

(1)将线圈竖直架起,磁铁用一根绳子吊起,保证磁铁能灵活提起和放下穿过空心线圈。

(2)选择适当量程的电压表(低压挡或电流计),将磁铁快速放下穿入线圈,观察电压表的指针偏转方向,观察电压表偏转幅度(大小)并记录相应表中。

(3)同名端判别:在测试过程中,若两个电压表同方向偏转,则线圈端子1、3是同名端,反之,1、4是同名端。

(4)感应电动势与磁场变化的关系分析:从偏转量可看出,铁芯进入和抽出线圈的速度越快,电压表偏转幅度越大(感应电动势越大),即 e=−N。

2. 直流法测定同名端

(1)将变压器原边(220V 侧)接入直流电源(30V),副边(36V 侧)接电压表,电阻 R 可选 50Ω。电压表选适当档位。

(2)将开关迅速闭合,观察闭合瞬间电压表的指针偏转方向(可根据偏转幅度调整电压表挡位,以便于观察为原则),并记录于表中。若正偏,则1、2是同名端;反之,1、2是同名端。

3. 交流法测定同名端

(1)变压器原边(220V 侧)和副边(36V 侧)其中一端相连,在原边加交流电源电压 S 为 220V,电压表选择好相应的电压量程。

(2)确认接线正确后,合上开关,观察 3 个电压表指示,读取数据,并记录下来。

(3)根据 3 个电压表的读数可判断同名端:

①V3＝V1－V2,则变压器端子 1 和 3 为同名端。

②V3＝V1＋V2,则变压器端子 1 和 4 为同名端。

(四)总结报告要求

(1)做本项目的时间、地点、组员及指导老师。

(2)列出所用电气设备(工具)清单、元器件明细表。

(3)写出完成任务的主要过程步骤,对在完成任务过程中出现的问题进行分析。

(4)测试的数据和结果记录。

(5)对数据进行分析,得出正确结论,强化和拓宽知识。

(6)总结要注意的事项。

(7)写出心得体会,包括收获和感想。

第二节　单相变压器的测试

一、单相变压器的结构与原理

(一)变压器的基本结构和工作原理

1.基本工作原理

变压器的主要部件是铁芯和套在铁芯上的两个绕组,一个绕组接电源,称原边绕组(或一次绕组),另一个绕组接负载,称为副边绕组(或二次绕组)。原边参数用下标"1"表示,副边参数用下标"2"表示。两绕组只有磁耦合,没有直接电路联系。在一次绕组中加上交变电压时,产生交链一、二次绕组的交变磁通(主磁通),在两绕组中分别感应电动势 e1 和 e2。

在变压器中,只要交链一、二次绕组的磁通有变化量,并且一、二次绕组匝数不同,就能达到改变电压的目的。

2.基本结构

(1)铁芯。变压器的主磁路,为了提高导磁性能和减少铁损,用厚为0.35~0.5mm、表面涂有绝缘漆的硅钢片叠成。

(2)绕组。变压器的电路部分,一般用绝缘铜线或铝线绕制而成。

(3)绝缘套管。将线圈的高、低压引线引到箱外,是引线对地的绝缘,担负着固定的作用。

(4)油箱。油浸式变压器的器身浸在变压器的油箱中。油是冷却介质,又是绝缘介质。油箱侧壁有冷却用的管子(散热器或冷却器)。

此外,还有储油柜、吸湿器、安全气道、净油器和气体继电器。

3.分类

变压器按用途分,有电力变压器和特种变压器;按绕组数分,有单绕组(自耦)变压器、双绕组变压器、三绕组变压器和多绕组变压器;按相数分,有单相变压器、三相变压器和多相变压器;按铁芯结构分,有心式变压器和壳式变压器;按调压方式分,有无励磁调压变压器和有载调压变压器;按冷却介质和冷却方式分,有油浸式变压器、干式变压器和充气式变压器。

4.型号与额定值

(1)型号

型号表示一台变压器的结构、额定容量、电压等级、冷却方式等内容。

如 OSFPSZ－250000/220 表明自耦三相强迫油循环风冷三绕组铜线有载调压,额定容量 250000kVA,高压额定电压 220kV 电力变压器。

(2)额定值

额定容量:指在规定的使用条件下保证使用寿命(一般为 20 年)所能输出的最大视在功率 Sn,单位为 kVA。

额定电流:指在额定容量下,允许长期通过的电流。在三相变压器中指的是线电 I1N/I2N,单位为 A 或 kA。

额定电压:指长期运行时所能承受的工作电压 U1N/U2N,单位为 V

或 kV。

U1N 是指一次侧所加的额定电压,U2N 是指一次侧加额定电压时二次侧的开路电压。在三相变压器中额定电压为线电压。

三者关系:单相,SN＝U1NI1N＝U2NI2N;三相,SN＝3U1NI1N＝3U2NI2N。

此外,额定值还有额定频率、效率、温升等。

(二)单相变压器的空载运行

原边接额定电压,副边不接负载,即 I2＝0 时,称为空载运行。

1. 感应电动势分析

同时交链原、副绕组的磁通称为主磁通,用 Φ0 表示,主磁通感应的电动势称为主电动势,主磁通在原边绕组感应的电动势用 E1 表示,在副边绕组感应的电动势用 E2 表示;只交链原边绕组或只交链副边绕组的磁通叫漏磁通,漏磁通感应的电动势称为漏电动势,漏磁通在原边绕组感应的电动势用 E1σ 表示,漏磁通在副边绕组感应的电动势用 E2σ 表示。

可见,当主磁通按正弦规律变化时,所产生的一次主电动势也按正弦规律变化,时间相位上滞后主磁通 90°。主电动势的大小与电源频率,绕组匝数及主磁通的最大值成正比。

2. 变比的定义

变比是指变压器一、二次绕组感应主电动势之比,数值上等于一、二次绕组匝数比,也近似等于一、二次侧额定电压之比,即:

$$k = \frac{E_1}{E_2} = \frac{N_1}{N_2} \approx \frac{U_1}{U_{20}} = \frac{U_{1N}}{U_{2N}}$$

对于三相变压器,变比为一、二次侧的相电动势之比,近似为额定相电压之比,具体为:Y,d 接线,$k = \frac{U_{1N}}{\sqrt{3} U_{2N}}$;D,y 接线,$k = \frac{\sqrt{3} U_{1N}}{\sqrt{3} U_{2N}}$。

(三)单相变压器的负载运行

变压器一次侧接在额定频率、额定电压的交流电源上,二次侧接上负载的运行状态,称为负载运行。

空载时,一次磁动势 F0 产生主磁通 Φ0,负载时一次磁动势 F1 和二次磁动势 F2 共同作用产生 Φ0,Φ0 大小主要取决于 U1,只要 U1 保持不变,由空载到负载 Φ0 大小基本不变,因此有磁动势平衡方程:F・1＋F・2＝F・0 或 N11＋N22＝N10。

用电流形式表示:

$$\dot{I}_1 = \dot{I}_0 + (1 - \frac{N_2}{N_1})\dot{I}_2 = \dot{I}_0 + (-\frac{i_2}{k}) = \dot{I}_0 + \dot{I}_u$$

表明变压器的负载电流包括两个分量:一个是励磁电流,用来产生主磁通;另一个是负载分量,起平衡二次磁动势的作用。

电磁关系将一、二次电流联系起来,二次电流增加或减小必然引起一次电流的增加或减小,负载运行时,忽略空载电流便有:

$$\Delta U = \frac{U_{20} - U_2}{U_{2N}} = \frac{U_{2N} - U_2}{U_{2N}}$$

上式表明,一、二次电流比与匝数近似成反比。可见,匝数不同,不仅能改变电压,同时也能改变电流。

(四)变压器的运行特性

1. 电压变化率

电压变化率是指一次侧加 50Hz 额定电压,二次侧空载电压与带负载后在某功率因数下的二次电压之差与二次额定电压的比值,即:

$$\Delta U = \frac{U_{20} - U_2}{U_{2N}} = \frac{U_{2N} - U_2}{U_{2N}}$$

电压变化率是表征变压器运行性能的重要指标之一,它的大小反映了供电电压的稳定性。

用相量图可以推导出电压变化率的表达式:$\Delta U = \beta(R\cos\varphi_2 + X\sin\varphi_2)$。

2. 电压调整

为了保证二次端电压在允许范围之内,通常在变压器的高压侧设置抽头,并装设分接开关,调节变压器高压绕组的工作匝数,进而调节变压器的二次电压。

中、小型电力变压器一般有三个分接头,记为 UN,±5%。大型电力变压器采用 5 个或多个分接头,如 UN,±2×2.5%或 UN,±8×1.5%。

分接开关有两种形式:一种只能在断电情况下进行调节,称为无载分接开关,这种调压方式称为无励磁调压,调节时要先断电后人工调节;一种可以在带负荷的情况下进行调节,称为有载分接开关,这种调压方式称为有载调压,一般采用自动调节。

3. 损耗、效率及效率特性

(1)变压器的损耗。变压器的损耗主要有铁损耗 PFe 和铜损耗 PCu 两种。铁损耗包括基本铁损耗和附加铁损耗。基本铁损耗为磁滞损耗和涡流损耗。附加损耗包括由铁芯叠片间绝缘损伤引起的局部涡流损耗、主磁通在结构部件中引起的涡流损耗等。铁损耗与外加电压大小有关,而与负载大小基本无关,故也称为不变损耗。

铜损耗分基本铜损耗和附加铜损耗。基本铜损耗是电流在一、二次绕组直流电阻上的损耗;附加铜损耗包括因集肤效应引起的损耗以及漏磁场在结构部件中引起的涡流损耗等。铜损耗大小与负载电流平方成正比,故也称为可变损耗。

(2)效率及效率特性。效率是指变压器的输出有功功率与输入有功功率的比值。

$$\eta = \frac{P_2}{P_1} \times 100\%$$

效率大小反映变压器运行的经济性能的好坏,是表征变压器运行性能的重要指标之一。

在功率因数一定时,变压器的效率与负载电流之间的关系 $\eta = f(\beta)$,称为变压器的效率特性。空载时,$\beta = 0$;P2 = 0,$\eta = 0$ 负载增大时,效率增加很快;当负载达到某一数值时,效率最大,然后又开始降低。这是因为随负载 P2 的增大,铜损耗 PCu 按 β 的平方成正比增大,超过某一负载之后,效率随 β 的增大反而变小了。

由于电力变压器长期接在电网上,总是有铁损耗,而铜损耗却随负载而变化,一般变压器不可能总在额定负载下运行,因此,为了提高变压器的运行效益,设计时应使变压器的铁损耗小些,一般取 $\beta m = 0.5 \sim 0.6$。

二、单相变压器运行特性

(一)任务目的

(1)了解变压器结构。

(2)理解变压器外特性和电压变化率的概念,掌握外特性和电压变化率的测试方法。

(3)理解变压器效率特性的概念,掌握效率特性的测试方法。

(二)相关知识

(1)变压器的基本结构、原理,变压器的额定值。

(2)变压器的外特性:当电源电压和负载功率因数一定时,二次端电压随负载电流变化的规律,$U2 = f(I2)$,即称为变压器的外特性。

(3)电压变化率:指一次侧加 50Hz 额定电压,二次侧空载电压与带负载后在某功率因数下的二次电压之差与二次额定电压的比值,即:

$$\Delta U = \frac{U_{20} - U_2}{U_{2N}} = \frac{U_{2N} - U_2}{U_{2N}}$$

电压变化率是表征变压器运行性能的重要指标之一,其大小反映了供电电压的稳定性。

(4)变压器的损耗及效率特性:变压器主要有铁损耗和铜损耗,铁损耗基本与负载无关,铜损耗与负载电流的平方成正比。当铁损耗等于铜损耗时,效率最高。在功率因数一定时,变压器的效率与负载率之间的关系 $\eta = f(\beta)$,称为变压器的效率特性。

(三)实施内容及步骤

(1)变压器的结构观察。

(2)理解测试原理和方法,在调压器断电的条件下接线,并注意功率表同名端接线。

(3)外特性和效率特性测试。

①调压器输出调到变压器的一次侧额定电压,负载电阻调到阻值最大位置,合上 S2,逐步加大负载(即负载电阻减小),直到额定负载。

②逐步减小负载,即调大负载电阻,每调一次负载就记录一次数据:P1,P2,U2,在负载变化过程中通过调压器保持一次侧电压不变。测出8~10 组数据,并记录。额定负载电流点必须测试。

③计算电压变化率。

④作外特性曲线。

⑤计算额定负载时的效率,作出效率特性曲线。

三、变压器参数的测定

(一)任务目的

(1)掌握空载试验方法,测定变压器的变比 K、空载电压 U0、空载电流 I0、空载损耗 P0,计算励磁参数 Rm、Xm 和 Zm。

(2)掌握短路试验方法,测定变压器的短路电压 Us、短路电流 Is、短路损耗 Ps,计算短路参数 Rs、Xs 和 Zs。

(3)掌握通过短路参数计算阻抗标幺值 X、R、Z、R、X 和 Xs。

(二)相关知识

(1)变压器的变比:即一、二次绕组主电动势之比,数值上等于一、二次绕组匝数比,近似等于电压比,即:$k = \dfrac{E_1}{E_2} = \dfrac{N_1}{N_2} \approx \dfrac{U_1}{U_2} = \dfrac{U_{1N}}{U_{2N}}$。

(2)变压器的激磁阻抗及其计算。变压器空载试验一般在低压侧做,主要是获取空载参数,可测得变压器的变比 k、空载电流 I0、空载损耗 P_0,计算空载参数:$Zm = \dfrac{U_0}{I_0}$,$R_m = \dfrac{P_0}{I_0^2}$,$X_m = \sqrt{Z_m^2 - R_m^2}$。

低压侧做空载试验所得到的激磁阻抗折算到高压侧时,将其对应阻抗乘以变比即可。

(3)变压器短路阻抗及其计算。变压器短路试验一般在高压侧做,主要是获取短路参数,可测得变压器的短路电压 Us、短路电流 Is、短路损耗

Ps,计算短路参数。

(三)实施内容及步骤

1.空载试验

变压器空载试验一般在二次侧做,通过空载试验获取空载参数。

(1)在电源断开的条件下按照电路接线,接线时要注意功率表同名端。

(2)选好所有相关仪表量程。将调压器逆时针方向调到底,即将其调到输出电压为零的位置。

(3)检查接线,确认无误后,合上电源开关 S,顺时针调节调压器旋钮,使变压器空载电压 $U0 = 1.2UN$ 然后逐步降低电源电压,在$(1.2\sim 0.5)UN$ 的范围内,测取变压器 $U0$,$I0$,$P0$ 数据 78 组数据,并记录下来。

(4)测取数据时,$U = UN$ 点必须测量,并在该点附近测试点应较密,以保证试验的准确性。

(5)为了计算变压器的变比,在 UN 以下取 3 点测取一次电压的同时测取二次电压数据,并将其记录在相应表中。

(6)数据处理与分析。

①变压器变比 k 计算:k,取 3 组数据的平均值。

②绘出空载特性曲线:$I0 = f(u0)$ 和 $P0 = f(u0)$。

③计算励磁参数:励磁阻抗 Zm,励磁电阻 Rm,励磁电抗 Xm。

2.短路试验

变压器短路试验一般在一次侧做,通过短路试验获取短路参数:

(1)在电源断开的条件下按照电路接线,接线时要注意功率表同名端。

(2)选好所有相关仪表量程。将调压器逆时针方向调到底,即将其调到输出电压为零的位置。

(3)检查接线,确认无误后,合上电源开关 S,顺时针缓慢调节调压器旋钮,使调压器输出电压缓慢增加,直到变压器短路电流 $Is = 1\sim 2IN$,然后逐步降低电源电压,在 01.2IN 的范围内,测取变压器 Is、Us、Ps 数据

78组数据,并记录下来。

(4)测取数据时,Is＝I1N点必须测量,在实验时应记下室温。

(5)数据处理与分析。

①绘出短路特性曲线:Is＝f(Us)和 Ps＝f(Us)。

②计算短路参数:Zs、Rs、X 及短路阻抗标识值 R、X、Z,Psv。

第三节　单相电机和吊扇的安装与调试

一、单相电机的结构与原理

(一)单相电机的分类

单相电机按冷却方式分,有空气自冷、外风扇自冷、内风扇自冷等几种;按防护方式分,有开启式、防护式、封闭式、防爆式、潜水式、潜油式等数种;按安装方式分,有有机座带底脚、端盖无凸缘,有机座无底脚、端盖有小凸缘、轴伸在凸缘端,有机座有底脚、端盖上有小凸缘、轴伸在凸缘端及有机座无底脚、端盖上有大凸缘、轴伸在凸缘端等 4 种;按启动方式分,有分相式和罩极式。

下面主要介绍分相式和罩极式两种单相异步电机。

(二)分相式单相异步电机

1.分相式单相异步电机结构

(1)机座。机座结构随电机冷却方式、防护形式、安装方式和用途而异。就其材料分类,有铸铁、铸铝、钢板结构等几种。

①铸铁机座:通常带有散热筋,机座与端盖连接,用螺栓紧固。

②铸铝机座:往往不带散热筋,常有加强筋和装饰筋,采用长螺栓紧固端盖。

③钢板结构机座:由厚为 1.5～2.5mm 的薄钢板卷制、焊接而成,再焊上钢板冲压件的底脚。近年来有一次冲压成型与端盖连在一起的,此种结构国内正在普及。有的专用电机的机座相当特殊,如电冰箱的电机,

它通常与压缩机一起装在一个密封的罐子里。而洗衣机电机,包括甩干机的电机,均无机座,端盖直接固定在定子铁芯上。

机座型号按微型驱动电机国家标准的规定,可有两种表示方法:一种是以电机的轴中心线高表示,有 36mm、40mm、50mm、56mm、63mm、71mm、80mm、90mm 等多种,其固定方式是用底脚安装的;另一种是以电机的机壳外径表示,有 12.5mm、16mm、20mm、24mm、28mm、36mm、45mm、55mm、70mm、90mm、110mm、130mm 和 160mm,其固定方式是用机壳上靠近输出轴端的凸缘或凹槽安装的。

(2)定子铁芯。定子铁芯是用来组成电机磁路的一部分。其中为减少交变磁通产生的铁损耗,采用相互绝缘的电工钢片冲制后叠成。国外此类电机的铁芯冲片已普遍采用无硅低碳电工钢片,性能要求较高的产品则用无取向冷轧硅钢片。

我国目前仍采用热轧硅钢片型号有 D21、D31、D42、D43、D44 等,片厚多用 0.35mm 和 0.5mm 两种。

定子铁芯紧固方式分为内压装和外压装两种。常见的外压装方式有:铁芯冲片带有扣片槽,叠压紧时用扣片扣紧即可;冲片带有焊槽,叠压紧时用氩弧焊焊成整体;冲片带有铆孔,叠压紧时用铜或铝铆钉铆接成整体。内压装工艺是将铁芯叠齐后,与铝壳同时压铸成整体,简单方便。

(3)转子铁芯。转子铁芯也是磁路的一部分,一般也用 0.5mm 厚的硅钢片叠成,转子铁芯中有嵌放转子绕组的槽,转子铁芯固定在转轴或转子支架上。

(4)定子绕组。分相式单相异步电机定子绕组通常做成两相:主绕组(工作绕组)和副绕组(启动绕组)。两种绕组的中轴线错开一定的角度,目的是改善启动性能和运行性能。定子绕组多数采用高强度聚酯漆包线绕制,通常采用常规绕组,如同心绕组、链式绕组等。为了减少谐波,常采用正弦绕组。

(5)转子绕组。转子绕组一般采用笼形绕组,常用铝压铸而成。

(6)端盖。相应于不同的机座材料,端盖也有铸铁件、铸铝件(或铝压铸件)及钢板冲压件三种。根据安装要求,有的前端盖带有大凸缘、小凸缘或其他形状的安装孔。对于容量更小的电机,有时只有一个端盖,另一只端盖与机壳连成一体,像只杯子。

(7)轴承。单相异步电机用的轴承有滚珠轴承和含油轴承两种。前者价格高、噪声大,但寿命长;后者价格低、噪声小,但寿命短。

电机专用的滚珠轴承,径向间隙比普通轴承小。国产电机专用轴承有两种:国内电机用的,以符号"Z"标志;出口电机用的,以符号"Z1"标志。安装轴承时宜用热套,轻压内圈,切忌猛敲;拆卸轴承时宜用专用工具,严格控制定子、转子同心度。

含油轴承又可分为球形与圆柱形两种。球形轴承有自定位作用,装配要求低;圆柱形轴承对电机同心度要求较高,装配较难,但噪音较小。

(8)离心开关。离心开关或启动继电器和PTC启动器在单相异步电机中,除了电容运转电机外,在启动过程中,当转子转速达到同步转速的70%左右时,常常借助于离心开关,切除单相电阻启动异步电机及电容启动电机的启动绕组,或切除电容启动及运转异步电机的启动电容器。离心开关一般安装在轴伸端盖的内侧。有些电机,如电冰箱电机,由于它与压缩机组装在一起,并放在密封的罐子里,不便于安装离心开关,此时就用启动继电器代替。继电器的吸铁线圈串联在主绕组回路中,启动时,主绕组电流很大,衔铁动作,使串联在副绕组回路中的动合触头闭合,于是副绕组接通,电机处于两相绕组运行状态。随着转子转速上升,主绕组电流不断下降,吸铁线圈的吸力也随之下降。当到达一定的转速时,电磁铁的吸力小于触头K的反作用弹簧的拉力,触头被打开,这时副绕组就脱离了电源。

最新式的启动元件是PTC,它是一种能通能断的热敏电阻。PTC热敏电阻是一种新型的半导体元件,可用于延时型启动开关。电阻急剧增加的温度点TC称为居里点,它的高低可通过原材料配方来调节。温度在TC点以下时,电阻值很低,当温度超过TC以后,电阻有很大的正温度系数,电阻值随温度升高急剧增大,之后又趋于稳定。最大阻值与最小阻值之比可达 1000。使用时,将 PTC 元件与电容启动或电阻启动电机的副绕组串联。在启动初期,因 PTC 热敏电阻尚未发热,阻值很低,副绕组处于通路状态,电机开始启动。随着时间推移,电机的转速不断增加,PTC 元件的温度因本身的焦耳热而上升,当超过 TC 时,电阻剧增,副绕组电路相当于断开,但还有一个很小的维持电流,并有 2~3W 的损耗,使PTC 元件的温度保持在 TC 值以上。当电机停止运行后,PTC 元件温度不断下降,约 2~3min 其电阻值降到 TC 点以下,这时又可以重新启动,而这一时间正好是电冰箱和空调机所规定的两次开机间的停机时间。

PTC 启动器有很多优点,即无触头、运行可靠、无噪音、无电火花,因而防火、防爆性能好。且耐振动,耐冲击,体积小,重量轻,价格低。

(9)铭牌。单相异步电机铭牌用来标示电机的额定数据及其他必要项目。其主要内容包括:电机名称、型号、标准编号、制造厂名、出厂编号、额定电压、额定功率、额定电流、额定转速、绕组接法、绝缘等级、负载持续率、重量等。

2.分相式单相异步电机的基本原理

(1)异步电机的基本原理分析。先看一个实验。用一个外力驱动磁场旋转,由于相对运动,线框感应产生电动势 e,并在闭合的线框中形成感应电流,载流的线框导体受到电磁力的作用,产生电磁转矩,使线框跟着旋转磁场转动起来。

分相式单相电机包括定子和转子两大部分。定子铁芯上相距约 90° 空间电角度嵌放有主绕组和副绕组,作用是产生旋转磁场。转子结构都是笼形结构,相当于上述实验中的线框。

(2)两绕组产生旋转磁场的图形分析。设主、副绕组通入电流分别为 IU 和 IV,并假定电流为正半周时,电流从绕组的首端流入(U1 和 V1 为首端)。

当定子绕组为一对磁极时,旋转磁场的转速等于电源的频率;当定子绕组不是一对磁极时,旋转磁场的转速(也称为同步转速)$n1 = \dfrac{60f_1}{P}$ 单位为转每分钟,其中 f 是电源频率,P 是电机的极对数,这里的 60 是单位换算系数。

根据电机旋转原理分析可知,异步电机的转速总是稍小于旋转磁场的转速,我们把旋转磁场的转速跟电机的转速之差与旋转磁场的转速的比称为转差率,用 S 表示,即:

$$S = \frac{n_1 - n}{n_1}$$

式中:n 为电机转速。

转差率是异步电机的一个基本物理量,它反映异步电机各种运行情况。当转子尚未转动(如启动瞬间)时,n＝0,此时转差率 S＝1;当转子转速接近同步转速(空载运行)时,n≈n_1,此时转差率 S≈0。由此可见,作为异步电机,转速在 0n_1 范围内变化,其转差率 S 在 0～1 范围内变化。

(3)单相感应电机单绕组工作基本原理。单相感应电机正常工作时,一般只需要单相绕组即可,但单相绕组通以单相交流电时产生的磁场是脉动磁场,单相运行的电机没有启动转矩。分相式单相感应电机自行启动就是借助于安装在定子的启动绕组(又称副绕组),才能形成启动转矩。

单相交流绕组通入单相正弦交流电流将产生脉动磁势。一个脉动磁势可以分解为两个大小相等、转速相同、转向相反的圆形旋转磁势,分别用 F＋、F 表示,建立起正转和反转磁场 φ＋、φ－,这两个磁场切割转子导体,产生感应电动势和感应电流,从而形成正、反向电磁转矩 T、Te,叠加后即为推动转子转动的合成转矩 Tem。

3.分相式单相异步电机启动

要使电机自行启动就必须有一个旋转磁场。常用的办法是在电机的定子上安放两相定子绕组,使两相绕组在圆周上相差 90°空间电角度,并将单相电源通过电阻、电容和电感的合理配合为有约 90°相位差的两相电源,将它们分别接在两绕组上,两相电源加在两绕组上以后,根据以上的分析可知,能产生旋转磁场,在笼形转子上产生转矩。

分相启动电机包括电阻启动电机、电容启动电机和电容运行电机。

(1)单相电阻启动异步电机。单相电阻启动异步电机原理接线图,主绕组 U1U2 和副绕组 Z1Z2 接到同电源电压 U 上。在主绕组电路中,感抗比电阻大得多,所以主绕组内电流 IU 的相位滞后于电源电压 U,且相位角 φU 较大;在副绕组电路中,电阻比感抗大,副绕组电流 IZ 的相位角也滞后于电源电压 U,但相位角 φz 较小,这样 IU 与 IZ 之间出现了相位差 φ。这样两个绕组的电路就分相了,但 IU 与 IZ 的相位差是较小的,因而启动转矩也较小。

由于两绕组内的阻抗不等,因此电流 IU 与 IZ 的大小也不相等。虽然在设计时可以选择适当的匝数 NU 和 NZ,使两绕组产生的磁动势幅值相等,即 IUNU＝IZNZ,但不可能满足产生圆形旋转磁场的条件,只能产生椭圆形旋转磁场使两个绕组电流之间相位差等于 90,φ 一般可达到 3040。因此,为了使启动绕组电路内获较大的电阻值,一般采取以下措施:

①启动绕组用较细的导线,或电阻率较高的铝线绕制,以便增加电阻。

②部分线圈反绕,减小电感,可得到较高的电阻和电感的比值。这种用电阻使副绕组和主绕组的电流产生相位差的方法,称为电阻分相法。

电阻启动的异步电机的启动绕组只允许启动时短时间工作,待转速达到 75％～80％额定转速时,由启动(离心)开关 S 将副绕组切断,由主绕组单独运行工作。

单相电阻启动异步电机基本系列代号为 BO1、BO2,功率等级有40W、60W、120W、180W、250W、350W,额定电压为 220V,同步转速有1500r/min,3000r/min,适用于具有中等启动转矩和过载能力的小型车床、鼓风机、医疗机构等。

(2)单相电容启动异步电机。单相电容启动异步电机原理线路。副绕组 Z1Z2 与电容器 C 及离心开关 S 串联后,与主组 U1U2 并联,再与电源接通。在副绕组电路内,容抗大于感抗,是电容性电路。如果电容器选择适当,可使启动时的 Iz 相位正好超前 IU 相位 90°,并使两个绕组磁动势幅值相等，IUNU＝IZNZ，这就使启动时的磁场成为圆形旋转磁场，因而启动转矩较大。所以，这种电机具有较大的启动转矩。这种用电容器使副绕组和主绕组内的电流产生相位差的方法，称为电容分相法。

单相电容启动异步电机的副绕组和电容器只允许短时间工作，当电机启动后，待转速达到 75％～80％额定转速时，由启动（离心）开关 S 将副绕组切断电源，由主绕组单独运行。

单相电容启动异步电机的基本系列代号为 CO、CO2。功率等级有 120W、180W、250W、370W、550W、750W，额定电压为 220V，同步转速有 1500r/min、3000r/min，适用于具有较高启动转矩的小型空气压缩机、电冰箱、磨粉机、水泵及满载启动的机械。

（3）单相电容运行异步电机。如果电容启动的单相异步电机的副绕组设计成能长期接在电源上工作，这种电机就称为单相电容运行电机或单相电容电机。这时，电机实质上是一台二相异步电机。如果选择适当的电容器及主、副绕组匝数，可使运行时具有圆形或近似圆形的旋转磁场。因此，电机不但解决了启动问题，而且运行性能也有较大地改善。这种电机的启动转矩为额定转矩的 0.35～1.0 倍。

单相电容运行异步电机的基本系列为 DO、DO2，功率有 8W、15W、25W、40W、60W、90W、120W、180W，同步转速有 1500r/min，3000r/min。此种电机具有较高的功率因数，效率高，体积小，重量轻，适用于电风扇、通风机、录音机、各种空载和轻载启动的机械。

（4）单相电容启动和运行异步电机。电容启动单相异步电机在启动绕组中串联一个电容器，用这种方法可提高启动转矩。电容运行单相异步电机，其电容及副绕组长期参与运行，可使运行具有圆形或近似圆形的磁场，改善了运行性能。

经过计算知道，要想使单相异步电机有较大的启动转矩，需要启动绕组串联的电容器容量应较大；而要使电机有较好的工作性能，需要启动绕组串联的电容器容量却要小些。如果既要有大的启动转矩，又要有好的工作性能，则采用两个电容器并联后再与启动绕组串联。CQ 为启动电容器,容量较大,CG 为工作电容器,容量较小。启动时,两个电容器并联,总电容量为 CQ+CG,电机可以产生较大的启动转矩;启动后,当电机转速达到 75%～80%额定转速时,靠离心开关 S 将电容器 CQ 切除,电容量减小,这时只有电容量较小的 CG 参加运行。这种电机又称为单相双值电容电机。

这种电机的启动转矩 T 是额定转矩的 1.8 倍,它的功率范围是 8～750W,额定电压是 220V,同步转速有 1500r/min 和 3000r/min。这种电机具有较好的启动性能,过载能力大,效率和功率因数高,适用于家用电器、泵、小型机械等。

4.对分相式单相异步电机的反转控制

对于三相异步电机,如果将输入的三相电源线对调任意两相,电机就可以反转。若使单相异步电机反转,必须把主、副绕组任意一个首端和尾端对调,方能使电机反转。因为单相异步电机的转向是由主、副绕组产生的磁场在时间上有约 90°的相位差决定的,把其中一个绕组反接,等于将这个绕组的磁场相位改变180°。如果原来是超前 90°,则改接后变成了滞后 90°。旋转磁场的方向改变了,转子的转向也就改变了。

单相异步电机的正、反转控制,多用于电容电机,如洗衣机中的电机。电容式电机的主、副绕组可以交换使用,把副绕组当成主绕组使用时,它的旋转磁场改变了旋转方向,电机也就改变了转向。单相电容电机的控制线路也比较简单。

5.单相异步电机的调速

单相异步电机同三相异步电机一样,都是靠旋转磁场工作的,它们的平滑调速都比较困难,如采用变频无级调速,设备复杂,成本太高,一般情况下均不采用。

(1)变极调速。要求速比成倍变化时,可以采用变极调速。

单相异步电机的转速与磁极对数成反比,改变定子铁芯中绕组元件的连接方法,产生不同的磁极对数,电机的转速就跟着改变。这种调速的电机绕组引出线很多,而且要用专门的调速开关才能保证接头的迅速切换,单相异步电机的转速可以成倍地变化。它是由单一主绕组改变连接来变极的,两种转速下电机性能不能都处于最佳状态。现在有关部门正在研制一种 YYD90－4/2 型单相电容运转变极调速电机,电机设计时采用两个参数完全相同的电容 C,从而达到两种转速都处于最佳状态,但两种转速输出功率不同。现在又设计出采用两套主绕组的双速电机,这种电机不是由单一主绕组来变磁极数,而是使每套绕组都按最佳条件设计,使电机能有较好的性能指标。

①电阻或电容启动双速异步电机。电阻或电容启动电机,工作时仅由主绕组单独承担。这样要具有两种转速,仅把主绕组设计成具有不同极数的两套即可,而副绕组可以设计成一个,通常都是设计成高速启动。启动后,根据需要可转换为低速运行。当然这样要使槽截面积增大,以便安放两套主绕组。

②双绕组变极调速电容电机。根据负载的需要,电机可以设计有两套不同极数的绕组,运行在不同的转速上。以洗衣机为例,波盘式洗衣机洗涤转速约为 $400\sim500r/min$,而甩干时转速多为 $800\sim1000r/min$,两种情况的转速比为 $1:2$。对于滚筒式洗衣机,洗涤转速为 $50\sim52r/min$,脱水甩干的转速要求在 $500\sim800r/min$ 之间。这样,转速比就要在 $1:(10\sim20)$ 之间。对于具有高转速比的电机,高速多为 $p=2$ 的 L 形接线的两相绕组,而低速则为 Y 形接线的三相绕组。变速比不大的则为同类型绕组。

(2)串电抗器调速法。这种调速方法将电抗器与电机定子绕组串联,通电时,利用在电抗器上产生的电压降使加到电机定子绕组上的电压低于电源电压,从而达到降压调速的目的。因此用串电抗器调速法时,电机的转速只能由额定转速向低调速调节。

这种调速方法的优点是线路简单,操作方便;缺点是电压降低后,电机的输出转矩和功率明显降低,因此只适用于转矩及功率都允许随转速降低而降低的场合。

(3)双向晶闸管调压调速。最近,采用双向晶闸管调节单相异步电转速越来越多。只要改变晶闸管导通角[即改变电位器 RP(R＝50kΩ)]的值,就可以改变电机端电压的大小,实现无级调速。

其工作原理是:220V 交流电源经 RP(50kΩ 电位器)向 C2(0.22MF)充电,电容 C2 两端电压上升,当上升至双向二极管 VD 的阻断电压时,VD 导通,使双向晶闸管导通。由于触发电路工作在交流电路中,因此,在正、负两个半周期对称地分别发出一次正脉冲和负脉冲给晶闸管控制极,使双向晶闸管在正、负半周期内,对称地各导通一次。

增大电位器 Rp 的阻值,使电容 C2 充电变慢,延迟了双向二极管转折导通时间,也就增大了双向晶闸管的触发角,导通角减小,输出电压降低;反之,输出电压升高,从而达到了调压调速的目的。

在小导通角时,电位器 RP 阻值增大,使电容器 C2 充电很慢,由于在小导电角时,触发电路电源电压已过峰值并降得很低,使 C2 充电电压过小,不足以击穿双向二极管。

因此另增一阻容电路,使在小导电角时,获得一个滞后电压,它给电容 C2 增加一个充电电路,R2 是充电电路电阻。使在小导电角时,C2 的充电电压能增大,以保证晶闸管可靠地触发导通。因此增设 R1、C1 阻容电路后,能使双向晶闸管最小导通角减小,扩大调压范围,调速范围也随之扩大了。

(4)电机绕组抽头调速。电容运转电机在调速范围不大时,普遍采用定子绕组抽头调速。此时定子槽中嵌有工作绕组 W1W2、启动绕组 S1S2 和调速绕组(又称中间绕组)D1D2。通过改变调速绕组与工作绕组、启动绕组的连接方式,调节气隙磁场大小及椭圆度来实现调速的目的。这种调速方法通常有 L 形接法和 T 形接法两种。

与串电抗器调速比较,用绕组内部抽头调速不需要电抗器,故其优点是节省材料,耗电量少;缺点是绕组嵌线和接线比较复杂。

(三)罩极式单相电机

1.凸极式罩极异步电机结构特点

凸极式罩极异步电机的结构原理:它的定子铁芯用硅钢片叠压而成,

每个极上绕有集中绕组,称为主绕组。在每个极面的一边开有一个小槽,槽中嵌入短路铜环,罩住磁极面 1/3 左右。铜环的作用是通过电磁感应改变极面磁场的分布,铜环把极面罩住一部分,故称罩极电机;又因为主磁极是凸出来的,故全称为凸极式罩极异步电机。

2.凸极式罩极异步电机的工作原理

凸极式罩极异步电机的原理:当定子绕组上通入单相交流电时,它所产生的脉动磁场在短路环的作用下,磁场之间形成一个连续移动的磁场,这是一个旋转磁场使电机旋转。

在主绕组中,在电流正半波上升段,设电流从零增大到 a 点这一段时间内,穿过短路环那一部分的磁通是增大的。根据楞次定律,铜环内就要产生感应电流,感应电流的磁通要阻碍原磁通的变化。因此,感应电流产生的磁通与原磁通方向相反,结果铜环罩住这部分磁通较弱,罩极部分的合成磁通减少,整个磁极的磁场中心线偏离几何中心线而处于磁极的左边,即左强右弱。

当主绕组中的电流从 a 点变到 b 点这段时间内,电流大小变化慢,经过极大值时则大小不变。此时铜环中感应电流非常小,对原磁场几乎无影响,整个磁场的中心线与几何中心线重合。

当主绕组中的电流从 b 点减小到零这段时间内,电流减小,穿过铜环内的磁通也在减少,铜环内感应电流的磁通与原磁通方向相同,合成磁通比原来增强。于是整个磁极的磁场中心线就偏向铜环移向右边,即左弱右强,磁场的旋转方向是从磁极处向短路环方向移动。

从上面分析可以看到,磁场的中心线在磁极中自左向右移动,同理可知,在 S 极内的磁场中心线也同时移动。在电流变化半个周期内,磁场中心线移过一个磁极,电流变化到下半周期时,每个磁极的极性同时改变,接着还同先前一样,磁场中心线自左向右移动一个磁极。以后,周而复始。电流频率为 50Hz,在 1/50s 内,磁场中心线即转过一对磁极,这个罩极使脉动磁场变成了旋转磁场,因而能使转子自行启动。

3. 罩极异步电机改变转向的方法

罩极式单相异步电机的旋转方向总是朝着被罩那一部分磁极方向转动的,一般情况下,不能用改变外部接线的方法改变电机的转向。尤其是凸极式,其罩极部分已经固定。如果一定要改变转向,在允许和可能的条件下,将定子铁芯从机座中抽出来,调转 180°再装进去,这样就可以使凸极式罩极异步电机反转了(这里只介绍凸极式的罩极异步电机)。

罩极异步电机的主要特点:启动转矩小,结构简单,不需要电容器,一般应用于小容量电机中,如小型风扇、电动模型和电唱机中。

二、吊扇的结构与原理

吊扇是一种比较普及的家用电器,是工业与民用建筑中一种常见的降温设备。吊扇机头是一台单相电容电机,启动绕组和电容按长期工作设计,使用单相 220V 电源。

(一)吊扇的结构与原理

吊扇主要由悬吊装置(吊攀、上罩、吊杆)、机头(也叫扇头,是小容量单相电机)、扇叶和调速开关四大部分组成。吊扇的规格一般以风叶的直径来表示。吊扇的扇叶直径有 900mm、1050mm、1200mm、1400mm、1500mm、1800mm 等规格,额定电压为 220V。

吊扇机头主要是一台单相电容电机,实质是一台两相异步电机,启动绕组和电容按长期工作设计,利用电容分相,两相绕组通入分相电流产生旋转磁场。主绕组和副绕组在空间上相隔 90°空间电角度。

吊扇电机的工作原理就是前面所述单相电容异步电机的工作原理。

(二)吊扇控制电路

吊扇是单向运行的,不需要正反转控制,只需开关通断控制和调速控制。吊扇通常采用串电抗器调速或电子调速器(调压)调速。启动时为额定电压,增加启动转矩,加快启动过程,启动后根据需要调到适当的挡位,获得所需的转速。

(三)吊扇安装要求

(1)吊扇挂钩安装牢固,吊扇挂钩的直径不小于吊扇挂销直径,且不小于 8mm,有防震橡胶垫;挂销的防松零件齐全、可靠。

(2)吊扇扇叶距地高度不小于 2.5m。

(3)吊扇组装不改变扇叶角度,扇叶固定螺栓防松零件齐全。

(4)吊杆间、吊杆与电机间螺纹连接,啮合长度不小于 20mm,且防松零件齐全、紧固。

(5)吊扇接线正确,当运转时扇叶无明显颤动和异常声响。

(6)表面无划痕、无污染,吊杆上下扣碗安装牢固到位。

(7)吊钩挂上吊扇后,一定要使吊扇的重心和吊钩的直线部分处在同一条直线上。

(8)同一室内并列安装的吊扇开关高度一致,且控制有序,不错位。

(四)吊扇安装方法

1.吊扇吊钩的安装

吊扇吊钩一般用直径不小于 10mm 圆钢制作,其伸出建筑物天花板的长度,应以装上吊杆护罩后能将整个吊钩外露部分完全遮住为宜。

(1)在现浇混凝土楼板或梁中,应采用预埋的施工方法,将圆钢制成"7"形后与主钢筋焊接在一起(或与主钢筋绑扎牢固)。待模板拆除后,再用气焊把圆钢露出部分加热弯制成吊钩。

(2)在多孔或槽形预制板中,吊钩宜采用预埋方法。吊钩的做法有两种:一种是把弯制成"7"形的圆钢焊接成"T"形以后,预埋在两块预制板的缝中,在铺好水泥地坪后即可埋住;另一种是在所需要安装的部位凿一个洞,在洞上方横一根圆钢作为横梁,将吊钩上方做一个挂钩挂上,横梁可与预埋电线管绑扎在一起,然后做水泥地坪时埋住。

(3)土建完工后,在多孔预制楼板中的安装可采用凿孔方法补救。先在预制板上凿一个孔,测量出多孔预制板孔的直径 d,再将一块铁板的中间钻孔攻丝。然后在预制板有孔的部位凿一条比铁板厚度稍宽的缝,将铁板侧着从缝中塞入,平放在孔内。最后把套丝吊钩加上螺母、垫圈拧入铁板丝孔内。

（4）在方形梁上装设吊钩时，可采用两条扁钢和两根 Φ15mm 的钢管制成吊架，其中一根钢管的长度等于梁的宽度，另一根的长度比梁窄10mm 左右。装在吊梁下方的长钢管上焊有吊攀，紧贴方形梁的是短钢管。安装时把两根螺杆的螺母拧紧，使吊架紧箍在梁上。为防松动掉下，防松螺母所打的两个孔的深度须比穿入孔内的螺栓部分长一些。

2. 吊扇安装步骤

吊扇安装时所需的工具：螺丝刀、遮蔽胶带、备用装置、接线螺母、钢丝钳、尖嘴钳、钢锯、手电钻、锤子、凿子、人字梯等。根据具体安装环境和要求，所用工具不同。

操作步骤：

（1）对照产品说明书，检查吊扇元件是否齐全，是否完好。检查绕组对地绝缘和绕组有无断线、电容是否完好及其他安装部件检查。

（2）组装吊扇，量好高度，确定吊杆长度并裁定，进行适当加工（扇叶可在最后安装）。

（3）组装好的吊扇安装在要求的位置上，并按产品说明或吊扇电路接好电路。

（4）检查安装是否牢固，重心是否在一条线上，转动是否灵活，最后装上扇叶。

（5）安装调速器。

（6）在确认安装正确时，通电试验。

三、单相电机接线

（一）任务目的

（1）了解单相电机结构。

（2）认识单相电机启动、运行线路，掌握线路装接。

（3）掌握改变单相电机转向的方法，熟练改变单相电机转向线路装接。

(4)掌握单相电机调速方法,熟练调速线路装接。

(二)相关知识

(1)罩极式、电容分相式单相电机的结构和原理。

(2)罩极式、电容分相式单相电机改变转向的方法及电路。

(3)电容分相式单相电机启动、运行方法和接线。

(三)实施内容及步骤

1.罩极式单相电机研究

(1)仔细观察罩极式单相电机外部结构,并记录铭牌。

(2)罩极式单相电机试验:固定好电机,接通观察罩极式电机电源,观察并记下转向。

(3)关断电源,拆开电机,观察罩极式单相电机的内部结构,特别注意主磁极的罩极结构。

(4)定子铁芯抽出并掉转180°,重新装入定子,然后固定好电机,接通观察罩极式电机电源,观察并记下转向(转向是否改变了,结果转向改变了)。

(5)关断电源,将电源零线和相线对调后,再将电机接通电源,观察电机转向(转向是否有改变,结果是不能改变转向)。

2.电容分相(运行)式单相电机改变转向电路装接

(1)观察电容分相(运行)式单相电机外形,记录铭牌。

(2)开关 SA 置"停"的位置。

(3)检查接线,确认无误后接上电源,将开关 SA 扳到"正"的位置,观察电机转向。

(4)将开关 SA 扳到"停"的位置,待电机停下后将开关 SA 扳到"反"的位置,观察电机的转向。

(5)将开关 SA 扳到"停"的位置,并关断电源。

3.单相电机(单绕组)运转试验

(1)SA1、SA2 在断开位置,确认无误后接上电源。

(2)将 SA1 扳到"正"的位置,观察电机是否运转(结果电机不转)(时间不要太长)。

(3)合上 SA2,观察电机是否运转(转动了,注意记下转向)。

(4)再断开 SA2,观察电机是否运转(电机按原来的转向继续运转)。

(5)将开关 SA1 扳到"停"的位置,待电机停下后,再将开关 SA1 扳到"反"的位置,重复(2)、(3)、(4)步骤,观察电机运转情况。

四、吊扇安装与调试

(一)任务目的

(1)了解吊扇结构。

(2)熟练吊扇组装,掌握吊扇现场安装工艺和调速线路接线。

(3)掌握吊扇工作原理,掌握吊扇调试及故障处理方法。

(二)相关知识

(1)吊扇的结构和原理。

(2)吊扇的控制电路、调速电路原理及接线方式。

(3)了解吊扇可能出现的故障及相应的处理方法。

(三)实施内容及步骤(采用挂钩吊装)

1.吊扇安装要求

(1)吊扇挂钩安装牢固,吊扇挂钩的直径不小于吊扇挂销直径,且不小于 8mm,有防震橡胶垫;挂销的防松零件齐全、可靠。

(2)吊扇扇叶距地高度不小于 2.5m。

(3)吊扇组装不改变扇叶角度,扇叶固定螺栓防松零件齐全。

(4)吊杆间、吊杆与电机间螺纹连接,啮合长度不小于 20mm,且防松零件齐全、紧固。

(5)吊扇接线正确,当运转时扇叶无明显颤动和异常声响。

(6)表面无划痕、无污染,吊杆上下扣碗安装牢固到位。

(7)吊钩挂上吊扇后,一定要使吊扇的重心和吊钩的直线部分处在同一条直线上。

(8)同一室内并列安装的吊扇开关高度一致,且控制有序不错位。

2. 安装步骤

(1)对照产品说明书,检查吊扇元件是否齐全,是否完好。检查绕组对地绝缘和绕组有无断线、电容是否完好及其他安装部件检查。

(2)组装吊扇,量好高度,确定吊杆长度并裁定,进行适当加工(扇叶可在吊装后再安装)。通常按距地 2.5m 高来选择吊杆的长度。

(3)将吊扇安装在已预埋的吊钩上,并按产品说明书接好相应电路。

(4)检查安装是否牢固,重心是否在一条线上,转动是否灵活,最后装上扇叶。

(5)按"吊扇安装要求"检查是否符合要求。

(6)在确认安装正确后,通电试验。

第六章 电动机基本控制线路的安装与调试

第一节 电动机双速控制电路的安装

一、收集信息

(一)双速电动机定子绕组连接方式

由电动机转速公式 $n=(1-s)\dfrac{60f}{P}$ 可知,异步电动机的调速方法有三种,即改变电源频率 f 调速、改变转差率 s 调速和改变磁极对数 P 调速。本任务学习变磁极对数 P 调速的双速电动机控制线路。三相定子绕组接成三角形,由 3 个连接点引出 3 个出线端 U1、V1、W1,从每相绕组的中点各引出一个出线端 U2、V2、W2,这样,电动机定子绕组共有 6 个出线端。通过改变这 6 个出线端与电源的连接方式,就可得到两种转速。

电动机低速工作时,就把三相电源分别与 3 个线端相连接 U1、V1、W1,另外 3 个出线端 U2、V2、W2 空着不接,此时电动机绕组接成三角形,磁极为 4 极,同步转速为 1500r/min。电动机高速工作时,把 3 个出线端 U1、V1、W1 短接在一起,三相电源分别与 U2、V2、W2 相连,此时电动机定子绕组接成双星形,磁极为二极,同步转速为 3000r/min。可见双速电动机高速运转时的转速是低速运转时转速的两倍。

值得注意的是,双速电动机定子绕组从一种接法改变为另一种接法时,必须改变电源相序,以保证电动机的旋转方向不变(可参阅电机学中电动机定子绕组展开图)。

双速电动机定子绕组能否由星形变成双星形？星形接法的转速与双星形接法的转速是什么关系？星形接法时,每相绕组中两个半相绕组正向串联,此时磁极对数为 p,同步转速为 n1。双星形接法时,每相中两个半相绕组反关联,磁极对数变为 p/2,同步转速为 2n1。

(二)接触器控制双速电动机的控制线路

接触器控制双速电动机的控制线路,按钮 SB1 与接触器 KM1 配合控制电动机低速运转,按钮 SB2 与接触器 KM2、KM3 配合控制电动机高速运转。

(三)时间继电器控制双速电动机的控制线路

电动机启动时,若转速过高,启动不平稳,冲击剧烈,对电动机及其他电器设备造成不良影响,因此,在高速运转时,先经低速启动后再转换为高速运转。

时间继电器控制双速电动机的控制线路,利用时间继电器延时闭合的常开触头 KT3 控制电动机三角形低速启动时间和 Δ-YY 的自动换接高速运转。电动机低速运行时,由按钮 SB1 控制;电动机高速运行时,由按钮 SB12 控制低速启动,高速运行。

二、组织实施

(一)安装调试准备

在安装调试前,应准备好安装调试用的工具、材料和设备,并做好工作现场和技术资料的准备工作。

1. 工具

安装所需工具:钢丝钳、尖嘴钳、斜口钳、剥线钳、一字螺丝刀、十字螺丝刀(3.5mm)、电工刀、起子(3.5mm)等各 1 把,数字万用表 1 块、锯弓1 把。

2. 材料和器材

实训工作台和木板、导线 BU0.75BVR 型多股铜芯软线、2.5 平方塑料铝芯线、行线槽、扎线带、木螺钉、电动机(或白炽灯泡)、三极刀开关、熔断器、交流接触器、热继电器、按钮、接线端子等。

3.工作现场

现场工作空间充足,方便进行安装调试,工具、材料等准备到位。

4.技术资料

接触器控制的双速异步电动机控制的电气原理图、接线图;电动机(或灯泡组)、熔断器、低压开关、接触器、热继电器、按钮等的安装要求;工作计划表、材料工具清单表。

(二)安装工艺要求

①备齐工具、材料,请按图选配电器元件和器材,并进行质量检查。

②安装元件。按布置图中电器元件的实际位置在控制板上安装电器元件,并贴上醒目的文字符号。

③布线。按接线图的走线方法,进行布线。

工艺要求:布线通道尽可能少,主、控电路分类集中,布线顺序是以接触器为中心,由里向外,由低至高,先控制电路后主电路紧,单层密排,紧贴安装面板布线。布线应横平竖直,分布均匀,走向一致导线应贴紧成束。变换走向时应垂直转向。长线必须沉底,不允许架空;不允许交叉,避免不了的交叉时,则应在接线端引出线时采用水平架空跨越。导线与接线端子或接线桩连接时,不得压绝缘层,不允许反圈、不允许裸露过长(一般不超过2mm)。电器元件的同一接线端子上的连接导线不得多于两根,接线端子板上连接导线只能连接一根。

④工具使用方法正确,不损坏工具及各元器件。

⑤导线剥削处不应损伤线芯或线芯过长,导线压头应牢固可靠。

⑥接线端子各种标志应齐全,接线端接触应良好。

⑦通电试车。试车前必须征得教师同意,并由教师指导下通电试车;试车时要认真执行安全操作规程的有关规定;通电试车完毕,停转切断电源。

(三)安装调试的安全要求

①安装前应仔细阅读数据表中每个电器元件的特性数据,尤其是安全规则。

②安装各部件时,应注意底板是否平整。若底板不平,元器件下方应加垫片,以防安装时损坏元器件。

③低压开关、熔断器的受电端应装在控制板外侧;各元件的安装位置应整齐、匀称,间距合理,便于元件更换;紧固各元件时,用力要均匀。

④操作时应注意工具的正确使用,不得损坏工具及元器件。

⑤通电试验时,操作方法应正确,确保人身及设备的安全。

(四)安装调试的步骤

①根据技术图纸,分析电气回路,明确线路连接关系。

②按给定的标准图纸选工具和元器件。

③安装元器件,连接电气回路。安装步骤:

根据接触器控制的异步电动机双速控制电气原理图绘制接线图,交指导人员检查确认正确后方可进行安装。

步骤1:准备好木制配电板。

步骤2:根据布局图安装确定各低压电器的位置,且固定安装各低压电器。

步骤3:根据自己绘制的接线图安装电气线路。

步骤4:根据电气原理图检查电路安装是否正确,经指导人员同意后方可通电试运行。

步骤5:在教师指导下,利用万用表对电路进行检测和排故。

三、三速异步电动机控制线路

变极调速除双速异步电动机调速控制外,还有三速异步电动机控制线路。

(一)三速异步电动机定子绕组连接方式

变极调速通过改变电动机定子绕组连接方式来改变其磁极对数的,

它是有级调速,只适用于笼型异步电动机,除双速电动机外,还有三速电动机、四速电动机等。三速异步电动机的定子绕组接线图三速异步电动机有两套绕组,分两层嵌放在定子铁芯槽内,第一套绕组(双速)有七个引出端 U1、V1、W1、U3、U2、V2、W2,接成开口三角形,工作时可接成三角形和双星形;第二套绕组(单速)有三个引出端 U4、V4、W4,只作星形连接。当改变两套绕组的连接方式,电动机就可得到三种不同转速。

(二)三速异步电动机控制线路

三种转速情况,主电路的接线要点:三角形低速时,U1、V1、W1 经 KM1 接电源,W1、U3 并接;星形中速时,U4、V4、W4 经 KM2 接电源,W1、U3 必须断开空着不接;双星形高速时,U2、V2、W2 经 KM3 接电源,U1、V1、W1、U3 经 KM4 并接。因此,三个接触器必须进行联锁控制。三个热继电器的整定电流在三种转速下是不同的,调整时不能混淆。

第二节　三相异步电动机 能耗制动控制电路的安装

一、搜集信息

任何物体都有惯性,电动机也不例外。对于运动中的电动机在断开电源后,由于惯性作用不会马上停止转动,而需经过一定的时间才会完全停下来。这对于某些要求定位准确、需要限制行程的生产机械来说是不适合的。如起重机的吊钩需要准确定位、万能铣床要求立即停转等,都要求电动机切断电源后立即停转。为了满足生产机械的这种要求,在电动机切断电源后要立即停转。在电工技术中,这种方法称为制动。

所谓制动,就是给电动机一个与原旋转方向相反的转矩使它迅速停转。电动机的制动方法很多,应用最广的有机械制动和电力制动两大类。

(一)机械制动控制

1.机械制动原理

机械制动是利用机械装置使电动机断开电源后迅速停转的方法。常用的机械制动有电磁抱闸制动器制动和电磁离合器制动两种。两者制动原理相似,控制线路也基本相同。这里以电磁抱闸制动器制动为例介绍机械制动的原理和控制线路。

电磁抱闸制动器主要由电磁铁和闸瓦制动器组成。电磁铁由电磁线圈和铁芯、衔铁组成,闸瓦制动器由弹簧、闸轮、杠杆、闸瓦和轴等组成。其中闸轮与电动机转轴是刚性固定式连接的。

电磁抱闸制动器分通电制动型和断电制动型两种。

断电制动的原理:当制动器线圈得电时,闸瓦与闸轮分开,无制动作用;当制动器失电时,制动闸瓦紧紧抱住闸轮制动。

通电制动的原理:当制动线圈得电时,闸瓦紧紧抱住闸轮制动;当制动器线圈失电时,闸瓦与闸轮分开,无制动作用。

2.机械制动控制线路

电磁抱闸制动器断电制动在起重机械上被广泛采用。能够准确定位,同时可防电动机突然断电时重物下落a但电磁抱闸制动器线圈耗电时间与电动机一样长,不经济。另外,由于制动器线圈是切断电源后制动,使手动调整工件很难。对要求电动机制动后能调整工件位置的机床设备,可采用通电制动控制。

电磁抱闸制动器通电制动控制在各种机床上被采用,电动机运转时电磁抱闸制动器线圈无电,无制动作用,电动机失电停转时,制动器线圈得电,闸瓦紧紧抱住闸轮制动。电动机处于常态停转时,制动线圈也无电,对电动机无制动作用,便于手动调整工件。

(二)电力制动

1.反接制动原理

反接制动是利用改变电动机定子绕组中三相电源相序,使定子绕组中旋转磁场反向,产生与电动机原旋转方向相反的电磁转矩,使电动机迅速停转。

　　反接制动原理图,当电动机需要停止时,拉下电源开关 QS,让电动机脱离电源,随后,将 QS 迅速向下合闸,此时转子将以 n1＋n 的相对转速沿原转动方向切割旋转磁场,在转子中产生感应电流,从而产生电磁转矩,其方向与电动机旋转方向相反,迫使电动机迅速停转。当电动机转速接近零时,要求迅速切断电源,否则电动机会反转。当电动机转速接近零时,应立即切断电源,否则电动机将会反转,为此,在反接制动设施中,为保证电动机被制动转速接近零时能自动切断电源,防止反转,常利用速度继电器来控制。

　　反接制动具有制动力强、制动迅速,但制动的准确性差,制动过程中对电动机冲击强烈,容易损坏传动零件,制动中能量消耗大,不宜经常采用。一般用于 10av 以下小容量电动机。

　　2. 能耗制动

　　能耗制动所需直流电源一般用以下方法估算,步骤(单相桥式整流电路为例)如下。

　　①首先测量出电动机三根进线中任意两根间的电阻。

　　②测量出电动进线空载电流 I0。

　　③能耗制动所需直流电流 $I＝KI_0$,直流电压 $U_L＝I_LR$。其系数 K 一般取 3.5～4。若考虑电动机定子绕组的发热情况,并使电动机达到比较满意的制动效果,对转速高、惯性大的传动装置可取上限值。

　　④可调电阻 $R＝2\Omega$,电阻功率 $P_R＝I_R$,实际选用时,电阻功率的值也可适当小些。

　　3. 再生发电制动

　　再生发电制动主要用于起重机械和多速电动机上。下面以起重机械为例说明其制动原理。当起重机在高处下放重物时,电动机转速小于同步转速,电动机处于电动机状态,其转子电流和电磁转矩方向与电动机运行时相同。但由于重力作用,在重物下放过程中,会使电动机转速大于同步转速,这时电动机处于发电机运行状态,其转子电流和电磁转矩的方向与电动机运行时相反。

可见电磁力矩变为制动力矩限制了重物下降速度，保障了设备和人身安全。

二、组织实施

(一)安装调试准备

在安装调试前，应准备好安装调试用的工具、材料和设备，并做好工作现场和技术资料的准备工作。

1. 工具

安装所需工具：钢丝钳、尖嘴钳、斜口钳、剥线钳、一字螺丝刀、十字螺丝刀、电工刀、起子(3.5mm)等各1把，数字万用表1块、锯弓1把。

2. 材料和器材

实训工作台和木板、导线 BV0.75BVR 型多股铜芯软线、2.5 平方塑料铝芯线、行线槽、扎线带、木螺钉、电动机(或白炽灯泡)、三极刀开关、熔断器、交流接触器、热继电器、按钮、接线端子、二极管等。

3. 工作现场

现场工作空间充足，方便进行安装调试，工具、材料等准备到位。

4. 技术资料

三相异步电动机能耗制动控制的电气原理图、接线图；电动机(或灯泡组)、熔断器、低压开关、接触器、热继电器、按钮等的安装要求；工作计划表、材料工具清单表。

(二)安装工艺要求

①备齐工具、材料，请按图选配电器元件和器材，并进行质量检查。

②安装元件。按电器元件的实际位置在控制板上安装电器元件，并贴上醒目的文字符号。

③布线。按接线图的走线方法，进行布线。

工艺要求：布线通道尽可能少，主、控电路分类集中，布线顺序是以接触器为中心，由里向外，由低至高，先控制电路后主电路紧，单层密排，紧贴安装面板布线。布线应横平竖直,分布均匀,走向一致导线应贴紧成束。变换走向时应垂直转向。长线必须沉底,不允许架空;不允许交叉,避免不了的交叉时,则应在接线端引出线时采用水平架空跨越。导线与接线端子或接线桩连接时,不得压绝缘层,不允许反圈、不允许裸露过长(一般不超过 2mm)。电器元件的同一接线端子上的连接导线不得多于两根,接线端子板上连接导线只能连接一根。

④工具使用方法正确,不损坏工具及各元器件。

⑤导线剥削处不应损伤线芯或线芯过长,导线压头应牢固可靠。

⑥接线端子各种标志应齐全,接线端接触应良好。

⑦通电试车。试车前必须征得教师同意,并由教师指导下通电试车;试车时要认真执行安全操作规程的有关规定;通电试车完毕,停转切断电源。

(三)安装调试的安全要求

①安装前应仔细阅读数据表中每个电器元件的特性数据,尤其是安全规则。

②安装各部件时,应注意底板是否平整。若底板不平,元器件下方应加垫片,以防安装时损坏元器件。

③低压开关、熔断器的受电端应装在控制板外侧;各元件的安装位置应整齐、匀称,间距合理,便于元件更换;紧固各元件时,用力要均匀。

④操作时应注意工具的正确使用,不得损坏工具及元器件。

⑤通电试验时,操作方法应正确,确保人身及设备的安全。

(四)安装调试的步骤

①根据技术图纸,分析电气回路,明确线路连接关系。

②按给定的标准图纸选工具和元器件。

③安装元器件,连接电气回路。

安装步骤:

根据三相异步电动机能耗制动控制电气原理图绘制接线图,交指导人员检查确认正确后方可进行安装。

步骤 1:准备好木制配电板。

步骤2：根据布局图安装确定各低压电器的位置，且固定安装各低压电器。

步骤3：根据自己绘制的接线图安装电气线路。

步骤4：根据电气原理图检查电路安装是否正确，经指导人员同意后方可通电试运行。

步骤5：在教师指导下，利用万用表对电路进行检测和排故。

第三节　三相异步电动机位置或行程控制电路的安装

一、收集信息

工厂车间常采用的位置控制电路图，要行车运行路线的两端各安装了一个行程开关 SQ1 和 SQ2，它们的常闭触头分别串接在正转控制电路和反转控制电路中。当安装在行车前后的挡铁1和挡铁2撞击行程开关的滚轮时，行程开关的常闭触头分断，切断控制电路，使行车自动停止。

像这种利用生产机械的运动部件的挡铁，行程开关碰撞，使其触头动作来接通或断开电路，以实现对生产机械运动部件的位置或行程的自动控制方法称为位置控制，又称行程控制或限位控制。实现这种控制要求所依靠的主要电器是行程开关。

二、组织实施

（一）安装调试准备

在安装调试前，应准备好安装调试用的工具、材料和设备，并做好工作现场和技术资料的准备工作。

1. 工具

安装所需工具：钢丝钳、尖嘴钳、斜口钳、剥线钳、一字螺丝刀、十字螺丝刀（3.5mm）、电工刀、起子（3.5mm）等各1把，数字万用表1块、锯弓

1把。

2.材料和器材

实训工作台和木板、导线 BV0.75BVR 型多股铜芯软线、2.5 平方塑料铝芯线、行线槽、扎线带、木螺钉、电动机（或白炽灯泡），三极刀开关、熔断器、交流接触器、热继电器、按钮、接线端子等。

3.工作现场

现场工作空间充足，方便进行安装调试，工具、材料等准备到位。

4.技术资料

电动机位置控制的电气原理图、接线图；电动机（或灯泡组）、熔断器、低压开关、接触器、热继电器、按钮等的安装要求；工作计划表、材料工具清单表。

(二)安装工艺要求

①备齐工具、材料，请按图选配电器元件和器材，并进行质量检查。

②安装元件。按布置图中电器元件的实际位置在控制板上安装电器元件，并贴上醒目的文字符号。

③布线。按接线图的走线方法，进行布线。

工艺要求：布线通道尽可能少，主、控电路分类集中，布线顺序是以接触器为中心，由里向外，由低至高，先控制电路后主电路紧，单层密排，紧贴安装面板布线。布线应横平竖直，分布均匀，走向一致导线应贴紧成束。变换走向时应垂直转向。长线必须沉底，不允许架空；不允许交叉，避免不了的交叉时，则应在接线端引出线时采用水平架空跨越。导线与接线端子或接线桩连接时，不得压绝缘层，不允许反圈、不允许裸露过长（一般不超过2mm）。电器元件的同一接线端子上的连接导线不得多于两根，接线端子板上连接导线只能连接一根。

④工具使用方法正确，不损坏工具及各元器件。

⑤导线剥削处不应损伤线芯或线芯过长，导线压头应牢固可靠。

⑥接线端子各种标志应齐全，接线端接触应良好。

⑦通电试车。试车前必须征得教师同意，并由教师指导下通电试车；试车时要认真执行安全操作规程的有关规定；通电试车完毕，停转切断

电源。

(三)安装调试的安全要求

①安装前应仔细阅读数据表中每个电器元件的特性数据,尤其是安全规则。

②安装各部件时,应注意底板是否平整。若底板不平,元器件下方应加垫片,以防安装时损坏元器件。

③低压开关、熔断器的受电端应装在控制板外侧;各元件的安装位置应整齐、匀称,间距合理,便于元件更换;紧固各元件时,用力要均匀。

④操作时应注意工具的正确使用,不得损坏工具及元器件。

⑤通电试验时,操作方法应正确,确保人身及设备的安全。

(四)安装调试的步骤

①根据技术图纸,分析电气回路,明确线路连接关系。

②按给定的标准图纸选工具和元器件。

③安装元器件,连接电气回路。

安装步骤:

根据三相异步电动机位置控制电气原理图绘制接线图,交指导人员检查确认正确后方可进行安装。

步骤1:根据布局图安装确定各低压电器的位置,且固定安装各低压电器。

步骤2:根据自己绘制的接线图安装电气线路。

步骤3:检查电路安装是否正确,经指导人员同意后方可通电试运行。

步骤4:在教师指导下,利用万用表对电路进行检测和排故。

三、自动往返控制线路

在生产实际中,有些生产机械的工作台要求在一定行程范围内自动往返运动,以实现对工件的连续加工,提高生产效率。

工作台自动往返行程控制线路,为了使用电动机正反转控制与工作台运动配合,在控制线路中设置了4个行程开关 SQ1、SQ2、SQ3 和 SQ4,

并把它们安装在工作台需限位的地方。其中 SQ1 和 SQ2 用于自动切换电动机正反转控制线路,实现工作台的自动往返;SQ3 和 SQ4 用作终端保护,以防 SQ1 和 SQ2 失灵,工作台越过规定位置而造成事故。

第四节 三相异步电动机顺序控制电路的安装

一、收集信息

(一)顺序控制线路

顺序控制就是要求多台电动机按一定的先后顺序启动或停止的控制方式。顺序控制方式分主电路实现顺序控制和控制电路实现的顺序控制。

1. 主电路实现顺序控制

电路实现顺序控制的电路的特点是电动机 M2 的主电路接在 KM1 主触头的下面。若接触器 KM1 线圈没得电吸合,即电动机 M2 没有启动,不管接触器 KM2 线圈是否得电动作,电动机 M2 是不会启动的。只有接触器 KM1 线圈得电吸合,电动机 Ml 已启动,接触器 KM2 线圈得电动作,电动机 M2 才能启动。

2. 控制电路实现顺序控制

控制电路实现顺序控制的线路图的特点是 M2 的启动按钮接在 KM1 自锁触的后面,这就保证了要电动机 M1 启动后电动机 M1 才能启动的顺序控制要求。

控制电路实现顺序控制的线路图的特点是利用 KM1 另一对常触头实现顺序控制。

控制电路实现顺序控制的线路图的特点是 M1、M2 按顺序启动同时按顺序停止。电动机 M1 启动后,电动机 M2 才能启动;停止时,必须是电动机 M2 停止后,电动机 M1 才能停止工作。

(二)多地控制线路

能在两地或多地控制同一台电动机的控制方式称为多地控制。多地控制的特点是启动按钮串联,停止按钮并联。

二、组织实施

(一)安装调试准备

在安装调试前,应准备好安装调试用的工具、材料和设备,并做好工作现场和技术资料的准备工作。

1.工具

安装所需工具:钢丝钳、尖嘴钳、斜口钳、剥线钳、一字螺丝刀、十字螺丝刀(3.5mm),电工刀、起子(3.5mm)等各1把,数字万用表1块、锯弓1把。

2.材料和器材

实训工作台和木板、导线 BV0.75BVR 型多股铜芯软线、2.5平方塑料铝芯线、行线槽、扎线带、木螺钉、电动机(或白炽灯泡),三极刀开关、熔断器、交流接触器、热继电器、按钮、接线端子等。

3.工作现场

现场工作空间充足,方便进行安装调试,工具、材料等准备到位。

4.技术资料

电动机顺序控制的电气原理图、接线图;电动机(或灯泡组)、熔断器、低压开关、接触器、热继电器、按钮等的安装要求;工作计划表、材料工具清单表。

(二)安装工艺要求

①备齐工具、材料,请按图选配电器元件和器材,并进行质量检查。

②安装元件。按布置图中电器元件的实际位置在控制板上安装电器元件,并贴上醒目的文字符号。

③布线。按接线图的走线方法,进行布线。

工艺要求:布线通道尽可能少,主、控电路分类集中,布线顺序是以接触器为中心,由里向外,由低至高,先控制电路后主电路紧,单层密排,紧贴安装面板布线。布线应横平竖直,分布均匀,走向一致导线应贴紧成束。变换走向时应垂直转向。长线必须沉底,不允许架空;不允许交叉,避免不了的交叉时,则应在接线端引出线时采用水平架空跨越。导线与接线端子或接线桩连接时,不得压绝缘层,不允许反圈、不允许裸露过长(一般不超过 2mm)。电器元件的同一接线端子上的连接导线不得多于两根,接线端子板上连接导线只能连接一根。

④工具使用方法正确,不损坏工具及各元器件。

⑤导线剥削处不应损伤线芯或线芯过长,导线压头应牢固可靠。

⑥接线端子各种标志应齐全,接线端接触应良好。

⑦通电试车。试车前必须征得教师同意,并由教师指导下通电试车;试车时要认真执行安全操作规程的有关规定;通电试车完毕,停转切断电源。

(三)安装调试的安全要求

①安装前应仔细阅读数据表中每个电器元件的特性数据,尤其是安全规则。

②安装各部件时,应注意底板是否平整。若底板不平,元器件下方应加垫片,以防安装时损坏元器件。

③低压开关、熔断器的受电端应装在控制板外侧;各元件的安装位置应整齐、匀称,间距合理,便于元件更换;紧固各元件时,用力要均匀。

④操作时应注意工具的正确使用,不得损坏工具及元器件。

⑤通电试验时,操作方法应正确,确保人身及设备的安全。

(四)安装调试的步骤

①根据技术图纸,分析电气回路,明确线路连接关系。

②按给定的标准图纸选工具和元器件。

③安装元器件,连接电气回路。

安装步骤:根据控制电路实现顺序控制的线路图绘制接线图,交指导人员检查确认正确后方可进行安装。

步骤 1:准备好木制配电板。

步骤 2:根据布局图安装确定各低压电器的位置,且固定安装各低压电器。

步骤 3:根据自己绘制的接线图安装电气线路。

步骤 4:根据电气原理图检查电路安装是否正确,经指导人员同意后方可通电试运行能。

步骤 5:在教师指导下,利用万用表对电路进行检测和排故。

三、电动机自动控制

多台电动机按一定时间先后顺序可在多地实现自动控制。3 条传送带运输机按一定时间顺序进行启动或停止控制电路。对于这 3 条带运输机的电气要求如下:①启动顺序为 1 号、2 号、3 号,即顺序启动,以防止货物在带上堆积。②停止顺序为 3 号、2 号、1 号,即逆顺停止,保证停止后带上不残存货物,即 3 号停止 5s 后,2 号停止,2 号停止 5s 后,1 号停止。③各运输机均应设置短路保护、过载保护。

第七章 其他设备安装与维护

第一节 水电站、变电站高压设备安装与维护

一、配电装置

配电装置是按电气主接线要求,由开关设备、保护和测量电器、母线装置和必要的辅助设备组建而成,用来接收和分配电能的电工建筑物。它是发电厂、变电站的重要组成部分。

按电气设备安装地点可分为屋内配电装置和屋外配电装置;按组装方式可分为装配式配电装置和成套式配电装置。在现场将电器组装而成的称为装配配电装置;在制造厂按要求预先将开关电器、互感器等组成各种成套电路后运至现场安装使用的称为成套配电装置。

按电压等级可分为低压配电装置(1kV 以下)、高压配电装置(1~220kV)、超高压配电装置(330~750kV)、特高压配电装置(1000kV 和直流±800kV)。

对配电装置的基本要求是设备布置合理清晰、采取保护措施,最大限度地保证人身和设备的安全;选择合理的设备、故障率低、影响范围小、工作可靠;设备布置便于操作,便于检修、巡视;节省用地、节省材料;充分考虑发展要求,预留备用间隔和备用容量。

(一)配电装置的有关术语和图纸

1. 安全净距

配电装置各部分之间,为了满足配电装置运行和检修的需要,确保人身和设备的安全所必需的最小电气距离,称为安全净距。在这一距离下,

无论是在正常最高工作电压还是在出现内、外过电压时,都不致使空气间隙击穿。

我国《高压配电装置设计规范》(DL/T5352—2018)规定的屋内、屋外配电装置各有关部分之间的最小安全净距,这些距离可分为 A、B、C、D、E 五类。

2.间隔

间隔是指一个完整的电气连接,其大体上对应主接线图中的接线单元,以主设备为主,加上附属设备组成的一整套电气设备(包括断路器、隔离开关、TA、TV、端子箱等)。

在发电厂或变电站内,间隔是配电装置中最小的组成部分,根据不同设备的连接所发挥的功能不同有主变间隔、母线设备间隔、母联间隔、出线间隔等。

3.层

层是指设备布置位置的层次。配电装置有单层、两层、三层布置。

4.列

列是一个间隔断路器的排列次序。配电装置有单列式布置、双列式布置、三列式布置。双列式布置是指该配电装置纵向布置有两组断路器及附属设备。

5.通道

为便于设备的操作、检修和搬运,配电装置在布置时设置了维护通道(用来维护和搬运各种电器的通道)、操作通道[设有断路器(或隔离开关)的操动机构、就地控制屏]、防爆通道(和防爆小室相通)。

6.配电装置的图纸

平面图:按照配电装置的比例进行绘制,并标出尺寸;图中标出房屋轮廓、配电装置间隔的位置与数量、各种通道与出口、电缆沟等。平面图上的间隔不标出其中所装设备。

断面图:按照配电装置的比例进行绘制,用以校验其各部分的安全净距(成套配电装置内部除外);断面图表示配电装置典型间隔的剖面,表明间隔中各设备具体的布置以及相互之间的联系。配置图:这是一种示意图,可不按照比例进行绘制,主要用于了解整个配电装置中设备的布置、数量、内容;对应平面图的实际情况,图中标出各间隔的序号与名称、设备在各间隔内布置的轮廓、进出线的方式与方向、通道名称等。

(二)屋内配电装置

1.屋内配电装置的特点

屋内配电装置是将电气设备和载流导体安装在屋内,避开大气污染和恶劣气候的影响,其特点如下。

(1)由于允许安全净距小而且可以分层布置,因此占地面积较小。

(2)维修、巡视和操作在室内进行,不受气候的影响。

(3)外界污染的空气对电气设备影响较小,可减少维护的工作量。

(4)房屋建筑的投资较大。

大、中型发电厂和变电站中,35kV 及以下电压等级的配电装置多采用屋内配电装置。但 110kV 及 220kV 装置有特殊要求(如变电站深入城市中心)和处于严重污染地区(如海边和化工区)时,经过技术经济比较,也可以采用屋内配电装置。

2.屋内配电装置的类型

(1)按照布置形式分类

单层式:所有的电气设备布置在单层房屋内。一般用于中、小容量的发电厂和变电站,采用单母线接线的出线不带电抗器的配电装置,通常可采用成套开关柜,占地面积较大。

二层式:将所有电气设备按照轻重分别布置,较重的设备(如断路器、限流电抗器、电压互感器等)布置在一层,较轻的设备(如母线和母线隔离开关)布置在二层。一般用于有出线电抗器的情况。其结构简单,占地较少、运行与检修较方便、综合造价较低。

三层式:将所有电气设备依其轻重分别布置在三层中。安全、可靠、占地面积小,但结构复杂、施工时间长、造价高,检修和运行很不方便,目前很少采用。

（2）按照安装形式分类

装配式：将各种电气设备在现场组装构成配电装置称为装配式配电装置。

成套式：由制造厂预先将各种电气设备按照要求装配在封闭或半封闭的金属柜中，安装时按照主接线要求组合起来构成整个配电装置，这就称为成套式配电装置。

3. 装配式室内配电装置的整体布局要求

以装配式室内配电装置布置为例具体说明装配时的注意事项。

同一回路的电气设备和载流导体布置在同一间隔内满足安全净距要求的前提下，充分利用间隔位置，较重的设备（如电抗器、断路器等）布置在底层，减轻楼板荷重，便于安装；出线方便，电源进线尽可能布置在一段母线的中部，减少通过母线截面的电流，布置清晰，力求对称，便于操作，容易扩建。

（1）母线及隔离开关

母线一般布置在配电装置的上部，有水平布置、垂直布置和三角形布置三种方式。

母线水平布置：通常用于中小型发电厂或变电站（可以降低配电装置高度，便于安装）。

母线垂直布置：一般适用于 20kV 以下、短路电流较大的发电厂或变电站（一般用隔板隔开，其结构复杂，增加配电装置的高度）。

母线三角形布置：适用于 10～35kV 大、中容量的配电装置中（结构紧凑，但外部短路时各相母线和绝缘子机械强度均不相同）。母线相间距离 a 取决于相间电压、短路时母线和绝缘子的机械强度及安装条件等。同一支路母线的相间距离应尽量保持不变，以便于安装。

6～10kV 母线水平布置时，a 约为 250～350mm；垂直布置时，a 约为 700～800mm；35kV 母线水平布置时，a 约为 500mm；110kV 母线水平布置时，a 约为 1200～1500mm。

双母线或分段母线布置中，两组母线之间应设隔板（墙），以保证有一组母线故障或检修时不影响另一组母线工作。为避免温度变化引起硬母线产生危险应力,当母线较长时应安装母线温度补偿器,一般铝母线长度为 20～30m 设一个补偿器;铜母线长度为 30～50m 设一个补偿器。母线隔离开关一般安装在母线的下方,母线与母线隔离开关之间应设耐热隔板,以防母线隔离开关误操作引起的飞弧造成母线故障。两层以上的配电装置中,母线隔离开关宜单独布置在一个小室内。

（2）断路器及其操动机构

断路器通常设在单独的小室内。断路器的操动机构与断路器之间应该使用隔板隔开,其操动机构布置在操作通道内。手动操动机构和轻型远距离操动机构均安装在壁上;重型远距离控制操动机构则装在混凝土基础上。

（3）互感器和避雷器

电流互感器可以和断路器放在同一小室内,穿墙式电流互感器应尽量作为穿墙套管使用,以减少配电装置体积与造价。

电压互感器经隔离开关和熔断器接到母线上,它需占用专门的间隔,但在同一间隔内,可装设几个不同用途的电压互感器。

当母线接有架空线路时,母线上应装避雷器,避雷器与电压互感器可共用一个间隔,两者之间应采用隔板(隔层)隔开,并可共用一组隔离开关。

（4）电抗器

电抗器按其容量不同有三种不同的布置,即三相垂直、品字形和三相水平布置。

当电抗器的额定电流超过 1000A、电抗值超过 5％～6％时,宜采用品字形布置;额定电流超过 1500A 的母线分段电抗器或变压器低压侧的电抗器,则采用水平落地装设。

在采用垂直或品字形布置时,只能采用 UV 或 VW 两相电抗器上下相邻叠装,而不允许 UW 两相电抗器上下相邻叠装在一起。

（5）电容器室

1000V 及以下的电容器可不另行单独设置低压电容器室,而将低压电容器柜与低压配电柜布置在一起。高压电容器室的大小主要由电容器容量和对通道的要求所决定,通道要求应满足表中的规定。

(6)变压器室

变压器室的最小尺寸根据变压器外形尺寸和变压器外廓至变压器室四壁应保持的最小距离而定,按规程规定不应小于表所列的数值。

变压器室的进风窗必须加铁丝网以防小动物进入,出风窗要考虑用金属百叶窗来遮挡雨雪。

(7)电缆构筑物

电缆隧道:封闭狭长的构筑物,高1.8m以上,两侧设有数层敷设电缆的支架,可放置较多的电缆,人在隧道内能方便地进行电缆的敷设和维修工作。其造价较高,一般用于大型电厂主厂房内。

电缆沟:有盖板的沟道,沟宽与深为1m左右,敷设和维修电缆不方便。造价较低,常用于变电站和中、小型电厂。电缆隧道(沟)在进入建筑物(包括控制室和开关室)处,应设带防火门的耐火隔墙(电缆沟只设隔墙)。防止发生火灾时,烟火向室内蔓延,造成事故扩大,同时也可以防止小动物进入室内。

(8)通道和出口

维护通道:最小宽度应比最大搬运设备大0.4~0.5m。操作通道:最小宽度为1.5~2.0m。

防爆通道:最小宽度为1.2m。

当配电装置长度大于7m时,应有两个出口(最好设在两端);当长度大于60m时,在中部适当再增加一个出口。

配电装置室的门应向外开,并装弹簧锁,相邻配电装置室之间如有门,应能向两个方向开启。

(三)屋外配电装置

1.屋外配电装置的结构形式

室外配电装置将所有电气设备和母线都装设在露天的基础、支架或构架上。室外配电装置的结构形式,除与电气主接线、电压等级和电气设备类型有密切关系外,还与地形地势有关。

2.屋外配电装置的分类及特点

户外配电装置根据电气设备和母线布置的高度和重叠情况可分为中型、高型和半高型三种。

(1)中型配电装置是将所有的电器设备安装在一个水平面上,并安装在有一定高度的设备支架上,以保持带电部分与地之间必要的高度。普通中型配电装置,施工、检修和运行都比较方便,抗震能力,造价比较低,缺点是占地面积较大。此种形式一般用非高产农田地区及不占良田和土石工程量不大的地方,并在地震强烈较高的地区采用。分相中型配电装置采用硬管母线配合剪刀式(或伸缩式)隔离开关方案,布置清晰、美观,可省去大量构架,较普通中型配电装置方案节约用地 1/3 左右。但支柱式绝缘子防污、抗震能力差,在污秽严重或地震烈度较高的地区不宜采用。中型配电装置广泛用于 110~500kV 电压等级。

(2)高压配电装置是将断路器、电流互感器布置在旁路母线下方,同时两组工作母线重叠布置。高型配电装置的最大优点是占地面积少,比普通中型节约 50% 左右,但耗用钢材较多,检修运行不及中型方便。一般在下列情况下宜采用高型:①配电装置设在高产农田或地少人多的地区;②由于地形条件的限制,场地狭窄或需要大量开挖、回填土石方的地方;③原有能配电装置需要改建或扩建,而场地受到限制。在地震烈度较高的地区不宜采用高型。高型配电装置适用于 220kV 电压等级。

(3)半高型配电装置是仅将母线与断路器、电流互感器等设备上下重叠布置。半高型配电装置节约占地面积不如高型显著,但在运行、施工条件稍有改善,所用钢材比高型少。半高型适宜于 110kV 系统。

3.屋外配电装置的布置原则

(1)母线及构架

室外配电装置的母线有软母线和硬母线两种。软母线为钢芯铝绞线、软管母线和分裂导线,三相呈水平布置,用悬式绝缘子悬挂在母线构架上。软母线可选用较大的档距,但一般不超过三个间隔宽度,档距越大,导线弧垂越大,因而导线相间及对地距离就要增加,母线及跨越线构架的宽度和高度均需要加大。硬母线常用的有矩形和管形。矩形用于35kV及以下配电装置中,管形则用于110kV及以上的配电装置中。管形硬母线一般安装在柱式绝缘子上,母线不会摇摆,管间距离可缩小,与剪刀式隔离开关配合可以节省占地面积;管形母线直径大,表面光滑,可提高电晕起始电压。但管形母线易产生微风共振和存在端部效应,对基础不均匀下沉比较敏感,支柱绝缘子抗震能力较差。

（2）电力变压器

电力变压器外壳不带电,故采用落地布置,安装在变压器基础上。变压器基础一般做成双梁形并铺以铁轨,铁轨等于变压器的滚轮中心距。为了防止变压器发生事故时,燃油流失使事故扩大,单个油箱油量超过1000kg以上的变压器,按照防火要求,在设备下面需设置储油或挡油墙,其尺寸应比设备外廓大1m,储油池内一般铺设厚度不小于0.25m的卵石层。

（3）高压断路器

按照断路器在配电装置中占据的位置,可分为单列、双列和三列布置。断路器的排列方式,必须根据主接线、场地地形条件、总体布置和出线方向等多种因素合理选择。

（4）避雷器

避雷器均采用高式布置,即安装在约2m高的混凝土基础之上。

（5）隔离开关和互感器

隔离开关和互感器均采用高式布置,要求与断路器相同。隔离开关的手动操作机构装在其靠边一相基础上。

（6）电缆沟

室外配电装置中电缆沟的布置应使电缆所走的路径最短。

（7）道路

为了运输设备和消防的需要,应在主要设备近旁铺设行车道路。大、中型变电站内一般应铺设宽3m环行道。室外配电装置内应设置0.8～

1m 的巡视小道,以便运行人员巡视电气设备,电缆沟盖板可作为部分巡视小道。

二、箱式变电站

箱式变电站是一种由高压开关设备、电力变压器和低压开关设备,功率因数补偿装置、电度计量装置等组合为一体的成套配电装置。箱式变电站用于高层住宅、豪华别墅、广场公园、居民小区、中小型工厂、矿山、油田,以及临时施工用电等场所,作配电系统中接收和分配电能之用。它具有减少综合投资(如土建),减少维护费用,占地面积小,现场安装时间短等优点。箱式变电站即变电站的设备均安装在一个外形为"箱子"的容器内,具有技术先进、安全可靠、自动化程度高、工厂预制化、组合方式灵活、投资省见效快、占地面积小、外形美观等特点。

以欧式变电站为例,欧式变电站的箱体是由底座、外壳、顶盖三部分构成。底座一般用槽钢、角钢、扁钢、钢板等,组焊或用螺栓连接固定成形;为满足通风、散热和进出线的需要,还应在相应的位置开出条形孔和大小适度的圆形孔。箱体外壳、顶盖槽钢、角钢、钢板、铝合金板、彩钢板、水泥板等进行折弯、组焊或用螺钉、铰链或相关的专用附件连接成型。箱体部分采用了目前国内领先的技术及工艺,外壳一般采用镀铝锌钢板,框架采用标准集装箱的材料及制作工艺,具有良好的防腐性能,内封板采用铝合金扣板,夹层采用防火保温材料,箱体内安装空调及除湿装置,设备运行不受自然气候环境及外界污染影响,可保证在$-40\sim+40℃$的恶劣环境下正常运行。箱体内一次设备采用全封闭高压开关柜(如 XGN型)、干式变压器、干式互感器、真空断路器,弹簧操作机构、旋转隔离开关等国内技术领先设备,产品无裸露带电部分,为全封闭、全绝缘结构,完全能达到零触电事故,全站实现无油化运行,安全性高全站智能化设计,保护系统采用变电站微机综合自动化装置,分散安装,可实现"四遥",即遥测、遥信、遥控、遥调,每个单元均具有独立运行功能,继电保护功能齐全,可对运行参数进行远方设置,对箱体内湿度、温度进行控制和远方烟雾报警,满足无人值班的要求;根据需要还可实现图像远程监控。

三、成套配电装置

(一)成套配电装置概述

1.成套配电装置分类

成套配电装置分为低压成套配电装置、高压开关柜和全封闭组合电器三类。按安装地点不同,又分为户内式和户外式。低压配电屏只做成户内式;高压开关柜有户内式和户外式两种,由于户外有防水、锈蚀问题,故目前大量使用的是户内式;全封闭组合电器也因屋外气候条件较差,大多布置在户内。按断路器安装方式可以分为移开式开关柜和固定式开关柜;按柜体结构的不同,可分为敞开式开关柜、金属封闭开关柜和金属封闭铠装式开关柜;按电压等级不同又可分为高压开关柜,中压开关柜和低压开关柜等。按用途分类可分为进线柜、出线柜、计量柜、补偿柜(电容柜)、母线柜。

2.开关柜

开关柜是一种电气设备,开关柜外线先进入柜内主控开关,然后进入分控开关,各分路按其需要设置。开关柜的主要作用是在电力系统发电、输电、配电和电能转换的过程中,进行开合、控制和保护用电设备。开关柜主要由断路器、隔离开关、负荷开关、操作机构、互感器以及各种保护装置等组成。开关柜主要适用于发电厂、变电站、石油化工、冶金轧钢、轻工纺织、厂矿企业和住宅小区、高层建筑等各种不同场合。

3.开关柜的基本电气参数

开关柜的基本电气参数如下:

(1)额定工作电压。

(2)额定频率。

(3)额定工作电流。

(4)额定短时耐受电流。

(5)额定耐受峰值电流。

4.开关柜的"五防"

(1)防止误分误合断路器。断路器手车必须处于工作位置或试验位置时,断路器才能进行合、分闸操作。

(2)防止带负荷移动断路器手车。断路器手车只有在断路器处于分闸状态下才能进行拉出或推入工作位置的操作。

(3)防止带电合接地刀。断路器手车必须处于试验位置时,接地刀才能进行合闸操作。

(4)防止带接地刀送电。接地刀必须处于分闸位置时,断路器手车才能推入工作位置进行合闸操作。

(5)防止误入带电间隔。断路器手车必须处于试验位置,接地刀处于合闸状态时,才能打开后门;没有接地刀的开关柜必须在高压停电后(打开后门电磁锁),才能打开后门。

(二)典型低压开关柜介绍

低压开关柜类型主要有 GCL、GCS、GCK、GGD、MNS 等。下面主要介绍 GGD、MNS 两种类型。

(1)GGD 型交流低压配电柜适用于发电厂、变电站、厂矿企业等。电力用户适用于交流 50Hz,额定工作电压 400V,额定工作电流至 3150A 的配电系统。作为动力、照明及配电设备的电能转换,分配与控制之用。

(2)MNS 组合式低压开关柜系统,适用于所有发电、配电和电力使用的场所。适用于 5000A 以下的低压系统,MNS 具有高度的灵活性,可根据需求和不同的使用场合灵活混装以满足全方位的需求。

(三)典型高压开关柜介绍

高压开关柜的类型可分为 KGN、XGN、JYN 和 KYN 等。下面主要介绍 KYN、XGN。

1.KYN 开关柜

KYN 开关柜由固定的柜体和可抽出部件(简称手车)两大部分组成。

KYN 开关柜的外壳和隔板采用敷铝锌钢板,整个柜体不仅具有抗腐蚀与氧化作用,且机械强度高、外形美观,柜体采用组装结构,用拉枷螺母和高强度螺栓联结而成,装配好的开关柜能保持尺寸上度高精度的统一性。开关柜被隔板分成手车室、母线室、电缆室和继电器仪表室,每一单元均良好接地。

(1)母线室。母线室布置在开关柜的背面上部,作安装布置三相高压交流母线及通过支路母线实现与静触头连接之用,全部母线用绝缘套管塑封。在母线穿越开关柜隔板时,用母线套管固定。如果出现内部故障电弧,能限制事故蔓延到邻柜,并能保障母线的机械强度。

(2)手车(断路器)室。在断路器室内安装了特定的导轨,供断路器手车在内滑行与工作。手车能在工作位置、试验位置之间移动。静触头的隔板(活门)安装在手车室的后壁上。手车从试验位置移动到工作位置过程中,隔板自动打开,反方向移动手车则完全复合,从而保障了操作人员不触及带电体。

(3)电缆室。电缆室内可安装电流互感器、接地开关、避雷器(过电压保护器)以及电缆等附属设备,并在其底部配置开缝的可卸铝板,以确保现场施工的方便。

(4)继电器仪表室。继电器室的面板上,安装有微机保护装置、操作把手、仪表、状态指示灯(或状态显示器)等;继电器室内,安装有端子排、微机保护控制回路直流电源开关、微机保护工作直流电源、储能电机工作电源开关(直流或交流),以及特殊要求的二次设备。带电显示装置由高压传感器和带电显示器两单元组成。该装置不但可以指示高压回路带电状况,而且还可以与电磁锁配合,强制闭锁,从而实现带电时无法关合接地开关、防止误入带电间隔,从而提高了配套产品的防误性能。为了防止在湿度变化较大的气候环境中产生凝露而带来危险,在断路器室和电缆室内分别装设加热器,以便开关柜在上述环境中安全运行柜体不被腐蚀。

2. XGN 开关柜

XGN 箱型固定式交流金属封闭开关设备,X 为箱式开关设备,G 为固定式,N 为户内装置。

(1)母线室布置在柜的上部。在母线室中主母线连接在一起,贯穿整排开关柜。

（2）主开关室内装有负荷开关，负荷开关的外壳为环氧树脂浇注而成，充气体为绝缘介质，在壳体上设有观察孔。

（3）开关柜有宽裕的电缆室，主要用于电缆连接，使单芯或三芯电缆可以采用最简单的非屏蔽电缆头进行连接，同时充裕的空间还可以容纳避雷器、电流互感器、下接地开关等元件。柜门有观察窗和安全联锁装置，电缆底板根据要求设有电缆密封圈，并配有支撑架和大小相宜的电缆夹。

（4）带联锁的低压室同时起到控制屏的作用。低压室内装有带位置指示器的弹簧操动机构和机械联锁装置，也可以装设辅助触点、跳闸线圈、紧急跳闸机构、电容型带电显示装置、钥匙锁和电动操作装置，同时低压室的空间还可以装设控制回路、计量仪表和保护继电器等。

（四）组合电器

高压断路器虽是电力系统中最核心、最重要的控制和保护设备，但在系统使用上还需将其他高压电气设备相组合才能实现和完成对电力系统的控制和保护。这种将两种或两种以上高压电气设备，按电气主接线要求组成一个有机的整体而各电气设备元件仍能保持原规定功能的装置称为组合电器。

1. 组合电器分类及发展趋势

（1）环保型。用混合气体代替 SF_6 气体，减少 SF_6 气体的使用量；使用热固性环氧树脂代替热塑性材料，以提高环境适应性。

（2）小型化。利用新型灭弧技术；采用弹簧操作机构或其他新型机构；采用复合化元件，功能和结构上的集成；小型化的光电元件的大量使用。

（3）智能型。采用电动驱动断路器；一次、二次系统的集成。

（4）复合化开关设备。组合电器正向以断路器为中心，从敞开式结构演变成复合型开关设备的趋势。GIS 造价高，使用的 SR 气体量非常大，而在保留 GIS 优点的同时，将一些元件置于大气中与新兴的监测技术和计算机技术结合,演化成新一代的组合电器。

(5)高电压大容量。目前已开发出 1100kV 的 GIS,额定电流 8000A,额定开断电流 63kA 的新型组合电器。

2.GIS 组合电器

(1)GIS 结构

GIS 的结构可分为两种:单极封闭式(分箱)和三极封闭式(共箱)。

单极封闭式:除变压器外,一次系统设备中各高压电器元件的每一极封闭在一个独立的外壳内,带电部分采用同轴结构,电场较均匀系统运行时不会产生三相短路故障或开断时三极无电弧干扰。缺点是外壳数量及封闭面较多,漏气可能性较大,电压等级越高,设备体积越大,占地面积越广。

三极封闭式:将三极封闭在一个公共的外壳内,结构紧凑,外壳数量少,漏气可能性小,逐步被用户接受和认可。

(2)GIS 运行管理

由于 GIS 产品是封闭压力系统设备,运行环境条件没有诸如雨水、污秽、潮湿、覆冰等的直接影响,工作环境状况明显优于空气绝缘的开关设备,加之 SR 气体具有优良的灭弧和绝缘特性,这些因素及特性使得GIS 设备几乎成为免维护和检查的电力设备,然而,适当的运行管理可以延长 GIS 设备的使用寿命。

GIS 设备的运行维护内容主要围绕性能参数的保持(如设备运行压力、断路器操作特性、隔离开关接地开关的开关特性等)、性能参数的恢复(如在异常情况下,GIS 各元件达规定动作次数等)、防腐等方面进行,可分为日常检查、定期检查、特殊检查。

日常检查:是一种用肉眼进行的外观检查,用以检查设备的工作状况及运行中可能出现的异常情况。

定期检查:是一种维护 GIS 设备使之处于正常工作状况的周期性行为。定期检查分为常规检查和详细的定期检查。

特殊检查:是一种临时性的检查,目的在于恢复 GIS 导电能力和运行性能。

第二节　低压开关设备安装与维护

一、低压电器

低压电器是一种能根据外界的信号和要求,手动或自动地接通、断开电路,以实现对电路或非电路对象的切换、控制、保护、检测、变换和调节的元件或设备。应用于交流 1200V、直流 1500V 及以下的电路中。在实际的工作中,低电压电器通常是指 380V 及以下电压等级中使用的电器设备。

按用途可分为两大类:①低压配电电器包括刀开关、转换开关、熔断器和断路器。主要用于低压配电系统中,要求在系统发生故障的情况下动作准确、工作可靠。②低压控制电器包括接触器、控制继电器、启动器、控制器、主令电器和电磁铁等,主要用于电气传动系统中。要求工作寿命长、体积小、质量轻、工作可靠。

常用低压电器有熔断器、热继电器、中间继电器、接触器、开关、按钮、自动空气开关等。

(一)熔断器

1. 作用

熔断器是一种过电流保护器,主要由熔体和熔管以及外加填料等部分组成。使用时,将熔断器串联于被保护电路中,当被保护电路出现过载或短路情况时,过载电流或短路电流通过熔断器的熔体时,熔体自身将发热而熔断电路被断开,从而实现对电力系统、各种电工设备以及家用电器都起到一定保护的作用。熔断器结构简单,使用方便,被作为保护器件广泛应用于电力系统、各种电气设备和家用电器中。

2. 分类

(1)插入式熔断器:它常用于 380V 及以下电压等级的线路首端,在配电支线或电气设备中起短路保护作用。

(2)螺旋式熔断器:熔体上的上端盖有一熔断指示器,一旦熔体熔断,指示器马上弹出,可透过瓷帽上的玻璃孔观察到,它常用于机床电气控制设备中。螺旋式熔断器分断电流较大,可用于电压等级 500V 及其以下、电流等级 200A 以下的电路中,作短路保护。

(3)封闭式熔断器:封闭式熔断器分有填料熔断器和无填料熔断器两种。有填料熔断器一般用方形瓷管,内装石英砂及熔体,分断能力强,用于电压等级 500V 以下、电流等级 1kA 以下的电路中。无填料密闭式熔断器将熔体装入密闭式圆筒中,分断能力稍小,用于 500V 以下,600A 以下电力网或配电设备中。

(4)快速熔断器:快速熔断器主要用于半导体整流元件或整流装置的短路保护。由于半导体元件的过载能力很低,只能在极短时间内承受较大的过载电流,因此要求熔断器具有快速熔断的能力。快速熔断器的结构与有填料封闭式熔断器基本相同,但熔体材料和形状不同,它是以银片冲制的有 V 形深槽的变截面熔体。

(5)自复熔断器:采用金属钠作熔体,在常温下具有高电导率。当电路发生短路故障时,短路电流产生高温使钠迅速汽化,汽态钠呈现高阻态,从而限制了短路电流。当短路电流消失后,温度下降,金属钠恢复原来的良好导电性能。自复熔断器只能限制短路电流,不能真正分断电路。其优点是不必更换熔体,能重复使用。

3.熔断器技术参数

(1)额定电压。额定电压指熔断器分断前可长期承受的工作电压。

(2)额定电流。额定电流指熔断器在长期工作制下,各部件温升不超过规定值时所能承载的电流。

(3)保护特性。主要是指熔断器的安秒特性曲线,安秒特性 V 是指熔断器开断电流和开断所需时间的特性曲线。熔断器的熔断时间随电流增大而缩短,具有反时限特性。

(4)极限分断能力。熔断器在规定的工作条件(电压和功率°/R′因数)下能分断的最大电流值。

4.熔断器结构及选择

熔断器主要由熔体、外壳和支座三部分组成,其中熔体是控制熔断特性的关键元件。熔体的材料、尺寸和形状决定了熔断特性。熔体材料分为低熔点和高熔点两类。一般用铅、铅锡合金、锌、铜、银等金属材料。铅、铅锡合金、锌的熔点较低,分别为 320℃、200℃和 420℃,但导电性差,所以这些材料制成的熔体截面相当大,熔断产生的金属蒸汽较多,对灭弧不利,故仅用于 500V 及以下的低压熔断器中。高熔点材料如铜、银,其熔点分别为 1080℃和 960℃,不易熔断,但由于其电阻率较低,截面尺寸比低熔点熔体要小得多,熔断时产生的金属蒸气很少,适用于高分断能力的熔断器。熔体的形状分为丝状和带状两种。改变截面的形状可显著改善熔断器的熔断特性。熔体额定电流不等于熔断器额定电流,熔体额定电流按被保护设备的负荷电流选择,熔断器额定电流应大于熔体额定电流,与主电器配合确定。

"冶金效应",是指有的熔断器(如 RN2 型、RT0 型等)的铜熔体上所焊的锡球,在过负荷时首先熔化,包裹住铜熔体,铜锡相互渗透,形成熔点较铜熔点低的铜锡合金,从而使铜熔体能在较低的温度下熔断,以实现过负荷保护。这种效应,就称为冶金效应。因此铜熔体上焊锡球(在 RT0 型的熔体上为"锡桥"),目的就是改善熔断器的保护性能,不仅能实现短路保护,而且能更好地实现过负荷保护。

熔断器类型的选择主要依据负载的保护特性和短路电流的大小。对于容量小的电动机和照明支线,常采用熔断器作为过载及短路保护,选择熔体的熔化系数可以适当小些。对于较大容量的电动机和照明干线,则应着重考虑短路保护和分断能力。通常选用具有较高分断能力的 RM10 和 RL1 系列的熔断器;当短路电流很大时,宜采用具有限流作用的 RT0 和 RT12 系列的熔断器。

熔体的额定电流可按以下方法确定:

(1)保护无启动过程的平稳负载如照明线路、电阻、电炉等时,熔体额定电流略大于或等于负荷电路中的额定电流。

（2）保护单台长期工作的电机熔体电流可按最大启动电流选取。如果电动机频繁启动,式中系数可适当加大至 3～3.5,具体应根据实际情况而定。

（3）保护多台长期工作的电机（供电干线）。

(二)热继电器

1. 用途

热继电器就是利用电流热效应工作的保护电器,在电气控制线路中主要用于电动机的过载保护。过载电流大,则热继电器动作时间较短;过载电流小,则热继电器动作时间较长;而在正常额定电流时,则热继电器长期保持无动作,由于热继电器具有体积小,结构简单、成本低等优点,在生产和生活中得到了广泛应用。

2. 结构

热继电器符号为 FR。它由发热元件、双金属片、触点及一套传动和调整机构组成。发热元件是一段阻值不大的电阻丝,串接在被保护电动机的主电路中。双金属片由两种不同热膨胀系数的金属片碾压而成,双金属片是关键的测量元件。

3. 动作原理

电动机绕组电流即为流过加热元件的电流。双金属片由两种热膨胀系数不同的金属通过机械碾压形成一体,热膨胀系数大的一侧称为主动层,小的一侧称为被动层。流入热元件的电流产生热量使双金属片通过电流受热产生热膨胀,但由于两层金属的热膨胀系数不同,且两层金属又紧密地结合在一起,致使双金属片向被动层一侧弯曲,因受热而弯曲的双金属片发生形变,当形变达到一定距离时,金属片产生的机械力推动连杆动作带动触头产生分断电路的动作。从而使接触器失电,主电路断开,实现电动机的过载保护。

4. 选择及维护

热继电器加热元件的额定电流根据被保护电动机的额定电流来选取,即加热元件的额定电流应接近或略大于电动机额定电流。热继电器在使用过程中需注意以下事项。

(1)热继电器动作后复位要一定的时间,自动复位时间应在 5min 内完成,手动复位要在 2min 后才能按下复位按钮。

(2)发生短路故障后,要检查热元件和双金属片是否变形,如有不正常情况,应及时调整,但不能将元件拆下,也不能弯折双金属片。

(3)使用中的热继电器每周应检查一次,具体内容是热继电器有无过热、异味及放电现象,各部件螺丝有无松动、脱落及接触不良,表面有无破损以及清洁与否。

(4)使用中的热继电器每年应检修一次,具体内容是清扫卫生,查修零部件,测试绝缘电阻应大于 1MΩ,通电校验。经校验过的热继电器,除了接线螺钉之外,其他螺钉不要随便移动。

(5)更换热继电器时,新安装的热继电器必须符合原来的规格与要求。

(三)中间继电器

1.用途

中间继电器的主要用途是增多节点数目、增大节点容量,起到一个必要的延时。

动作原理:当继电器线圈施加激励量等于或大于其动作值时,衔铁被吸向导磁体,同时衔铁压动触点弹片,使触点接通、断开或切换被控制的电路。当继电器的线圈被断电或激励量降低到小于其返回值时,衔铁和接触片返回到原来位置。

2.中间继电器主要技术参数

(1)继电器额定参数。

继电器额定电压(电流)指继电器线圈电压(电流)的额定值。

继电器吸合电压(电流)指使继电器衔铁开始运动时线圈的电压(电流值)。继电器释放电压(电流)指衔铁开始返回动作时线圈的电压(电流)值。

(2)动作与返回时间。继电器动作时间指继电器从接通电源起,到继电器常开触头闭合为止所经过的时间;继电器返回时间则指从断开继电器电源起,至继电器常闭触头闭合为止所经过的时间。一般继电器动作时间与返回时间为 0.05～0.15s,快速继电器可达 0.005～0.05s,动作与返回时间直接决定了继电器的可操作频率。

(3)触头开闭能力。

(4)继电器整定值。触头系统切换时,继电器需输入相应电参数的数值称为继电器整定值。大部分继电器的整定值可以调整,通过调节继电器反作用弹簧与工作间隙,实现继电器的吸合电压或吸合电流、断开电压或断开电流的调节,使之调节到使用时所要求的值。

(5)继电器其他参数。使继电器衔铁动作所必须具有的最小功率称为继电器灵敏度;从继电器引出端测得的一组继电器闭合触头间的电阻值称为继电器接触电阻;继电器寿命则指在规定环境条件和触头负载下,按产品技术要求,继电器能够正常动作的最小次数。继电器在正常负荷下,寿命不低于 1 万次。

(四)接触器

1.接触器作用

交流接触器是广泛用于电路的开断和控制电路。它利用主触点来开闭电路,用辅助接点来执行控制指令。主接点一般只有常开接点,而辅助接点常有两对具有常开和常闭功能的接点,小型的接触器也经常作为中间继电器配合主电路使用。交流接触器的接点,由银钨合金制成,具有良好的导电性和耐高温烧蚀性。

2.接触器结构

交流接触器主要有四部分组成。

(1)电磁系统,包括吸引线圈、动铁芯和静铁芯。

(2)触头系统,包括三组主触头和一至两组常闭、常闭辅助触头,它和动铁芯是连在一起互相联动的。

(3)灭弧装置,一般容量较大的交流接触器都设有灭弧装置,以便迅速切断电弧避免烧坏主触头。

(4)绝缘外壳及附件,各种弹簧、传动机构、短路环、接线柱等。

当线圈通电时静铁芯产生电磁吸力将动铁芯吸合,由于触头系统是与动铁芯联动的,动铁芯带动三条动触片同时运行,触点闭合从而接通电源。当线圈断电时吸力消失,动铁芯联动部分依靠弹簧的反作用力而分离使主触头断开切断电源。

3.接触器选用

(1)按接触器的控制对象、操作次数及使用类别选择。

(2)按使用位置处线路的额定电压选择。

(3)按负载容量选择接触器主触头的额定电流。

(4)对于吸引线圈的电压等级和电流种类,应考虑控制电源的要求。

(5)对于辅助接点的容量选择,要按联锁回路的需求数量及所连接触头的遮断电流大小考虑。

(6)对于接触器的接通与断开能力问题,选择时还应注意负载的类型,如电容器、钨丝灯等照明器,其接通时电流数值大,通断时间也较长,选择时应留有余量。

(7)对于接触器的电池寿命及机械寿命问题,由已知每小时平均操作次数和机器的使用寿命年限,计算需要的电池寿命,若不能满足要求则应降容使用。

(8)选择时应考虑环境温度、湿度,使用场所的振动、尘埃、化学腐蚀等,应按相应环境选用不同类型接触器。

4.接触器维护

运行维护时检查项目如下。

(1)通过的负荷电流是否在接触器额定值之内。

(2)接触器的分合信号指示是否与电路状态相符。

(3)运行声音是否正常,有无因接触不良而发出放电声。

(4)电磁线圈有无过热现象,电磁铁的短路环有无异常。

(5)灭弧罩有无松动和损伤情况。

(6)辅助触点有无烧损情况。

(7)传动部分有无损伤。

(8)周围运行环境有无不利运行的因素,如振动过大、通风不良、尘埃过多等。

(五)按钮

按钮,是一种常用的控制电器元件,常用来接通或断开控制电路(其中电流很小),从而控制电动机或其他电气设备运行的一种元件。

控制按钮主要用于低压控制电路中,手动发出控制信号,以控制接触器、继电器等,按钮触头允许通过的电流较小,一般不超过 5A。

1. 控制按钮结构

当手动按下按钮帽时,常闭触头断/开,常开触头闭合;当手松开时,复位弹簧将按钮的动触头恢复原位,从而实现对电路的控制。控制按钮有单式按钮、复式按钮和三联式按钮等形式。

为便于识别各按钮作用,避免误操作,在按钮帽上制成不同标志并采用不同颜色以示区别,一般红色表示停止按钮,绿色或黑色表示启动按钮。不同场合使用的按钮还会制成不同的结构,例如紧急式按钮装有突出的蘑菇形按钮帽以便于紧急操作,旋钮式按钮通过旋转进行操作,指示灯式按钮在透明的按钮帽内装和信号进行信号显示,钥匙式按钮必须用钥匙插入方可旋转操作等。

2. 控制按钮选用

按钮类型选用应根据使用场合和具体用途确定。例如控制柜面板上的按钮一般选用开启式,需显示工作状态则选用带指示灯式,重要设备为防止无关人员误操作就需选用钥匙式。按钮颜色根据工作状态指示和工作情况要求选择。

按钮数量应根据电气控制线路的需要选用。例如需要正、反和停三种控制处,应选用三只按钮并装在同一按钮盒内,只需启动及停止控制时则选用两只按钮并装在同一按钮盒内等。

(六)自动空气开关

1. 用途

自动空气开关又称自动空气断路器,是低压配电网络和电力拖动系统中非常重要的一种电器,它集控制和多种保护功能于一身。除了能完成接触和分断电路外,尚能对电路或电气设备发生的短路,严重过载及欠电压等进行保护,同时也可以用于不频繁地启动电动机。

自动空气开关具有操作安全、使用方便、工作可靠、安装简单,动作后(如短路故障排除后)不需要更换元件(如熔体)等优点。因此,在工业、住宅等方面获得广泛应用。

2. 分类

(1)按极数分:单极、两极和三极。

(2)按保护形式分:电磁脱扣器式、热脱扣器式、复合脱扣器式(常用)和无脱扣器式。

(3)按全分断时间分:一般和快速式(先于脱扣机构动作,脱扣时间在0.02s以内)。

(4)按结构型式分:塑壳式、框架式、限流式、直流快速式、灭磁式和漏电保护式。

3. 开关结构

自动空气开关的三副主触头串联在被控制的三相电路中。当按下接触按钮时,外力使锁扣克服反力弹簧的斥力,将固定在锁扣上面的动触头与静触头闭合,并由锁扣锁住搭钩,使开关处于接通状态。

当开关接通电源后,电磁脱扣器热脱扣器及欠电压脱扣器若无异常反应,开关运行正常。当线路发生短路或严重过载电流时,短路电流超过瞬时脱扣整定电流值,电磁脱扣器产生足够大的吸力,将衔铁吸合并撞击杠、杆,使搭钩绕转轴座向上转动与锁扣脱开,锁扣在反力弹簧的作用下将三副主触头分断,切断电源。

当线路发生一般性过载时,过载电流虽不能使电磁脱扣器动作,但能使热元件产生一定热量,促使双金属片受热向上弯曲,推动杠杆使搭钩与锁扣脱开，将主触头分断，切断电源。

欠电压脱扣器的工作过程与电磁脱扣器恰恰相反，当线路电压正常时电压脱扣器产生足够的吸力，克服拉力弹簧的作用将衔铁吸合，衔铁与杠杆脱离，锁扣与搭钩才得以锁住，主触头方能闭合。当线路上电压全部消失或电压下降至某一数值时，欠电压脱扣器吸力消失或减小，衔铁被拉力弹簧拉开并撞击杠杆，主电路电源被分断。同样道理，在无电源电压或电压过低时，自动空气开关也不能接通电源。

正常分断电路时，扳下空气开关手柄即可。

二、电力电容器

(一)电力电容器概述

任意两块金属导体，中间用绝缘介质隔开，即构成一个电容器。电容器电容的大小，由其几何尺寸和两极板间绝缘介质的特性来决定。当电容器在交流电压下使用时，常以其无功功率表示电容器的容量，单位为法。

电力电容器的主要作用有移相、耦合、降压、滤波等，常用于高低压系统并联补偿无功功率等。电力系统中的负荷(如电动机、电焊机、感应电炉等)除了消耗有功功率外，还要"吸收"无功功率。电力系统中的变压器运行同样也需要无功功率，如果所有无功功率都由发电机提供会增加线路损耗，不但不经济还会影响电压质量。而电力电容器在正弦交流电路中能够提供无功功率，把电容器并接在需要消耗无功功率的负荷(如电动机)或输电设备(如变压器)上运行，这些负荷或输电设备需要的无功功率，可以由电容器提供。通过电容器的无功补偿，就可减少线路能量损耗、减少线路电压降、改善电压质量，提高系统供电能力。

(二)电力电容器分类

在电力系统中根据电压等级电力电容器可分为高压电力电容器(6kV 以上)和低压电力电容器(400V)。按照用途电力电容器又可分为以下八种。

(1)并联电容器(又称移相电容器)。并联电容器主要用于补偿电力系统感性负荷的无功功率,以提高功率因数,改善电压质量,降低线路损耗。

(2)串联电容器。串联电容器串联于工频高压输、配电线路中,用以补偿线路的分布感抗,提高系统的静、动态稳定性,改善线路的电压质量,加长送电距离和增大输送能力。

(3)耦合电容器。耦合电容器主要用于高压电力线路的高频通信、测量、控制、保护以及在抽取电能的装置中做部件用。

(4)断路器电容器(又称均压电容器)。断路电容器并联在超高压断路器断口上起均压作用,使各断口间的电压在分断过程中和断开时均匀,并可改善断路器的灭弧特性,提高分断能力。

(5)电热电容器。电热电容器用于频率为 $40\sim24000\,Hz$ 的电热设备系统中,以提高功率因数,改善回路的电压或频率等特性。

(6)脉冲电容器。脉冲电容器主要起储能作用,用作冲击电压发生器、冲击电流发生器、断路器试验用振荡回路等基本储能元件。

(7)直流滤波电容器。直流滤波电容器用于高压直流装置和高压整流滤波装置中。

(8)标准电容器。标准电容器用于工频高压测量介质损耗回路中,作为标准电容或用作测量高压的电容分压装置。

(三)电力电容器安装注意事项

(1)安装电容器时,每台电容器的接线最好采用单独的软线与母线相连,不要采用硬母线连接,以防止装配应力造成电容器套管损坏,破坏密封而引起的漏油。

(2)电容器回路中的任何不良接触,均可能引起高频振荡电弧,使电容器因工作电场强度增大和发热而损坏。因此,安装时必须保持电气回路和接地部分的接触良好。

(3)较低电压等级的电容器经串联后运行于较高电压等级网络中时,外壳对地之间,应通过加装相当于运行电压等级的绝缘子等措施,使之可靠绝缘。

（4）电容器经星形连接后，用于高一级额定电压，且系中性点不接地时，电容器的外壳应对地绝缘。

（5）电容器安装之前，要分配一次电容量，使其相间平衡，偏差不超过总容量的 5%。当装有继电保护装置时还应满足运行时平衡电流误差不超过继电保护动作电流的要求。

（6）对个别补偿电容器的接线应做到：对直接启动或经变阻器启动的感应电动机，其提高功率因数的电容可以直接与电动机的出线端子相连接，两者之间不要装设开关设备或熔断器；对采用星－三角启动器启动的感应式电动机，最好采用三台单相容器，每台电容器直接并联在每相绕组的两个端子上，使电容器的接线总是和绕组的接法相一致。

（7）对分组补偿低压电容器，应该连接在低压分组母线电源开关的外侧，以防止分组母线开关断开时产生的自激磁现象。

（8）集中补偿的低压电容器组，应专设开关并装在线路总开关的外侧，不要装在低压母线上。

（四）电力电容器操作注意事项

由于电力电容器投运越来越多，但管理不善及其他技术原因，常导致电力电容器损坏甚至发生爆炸，原因主要有以下几种。

（1）电容器内部元件击穿：主要是由于制造工艺不良引起的。

（2）电容器对外壳绝缘损坏：电容器高压侧引出线由薄铜片制成，如果制造工艺不良，边缘不平有毛刺或严重弯折，其尖端容易产生电晕，电晕会使油分解、箱壳膨胀、油面下降而金成击穿。另外，在封盖时，转角处如果烧焊时间过长，将内部绝缘烧伤并产生油污和气体，使电压大大下降而造成电容器损坏。

（3）密封不良和漏油：由于装配套管密封不良，潮气进入内部，使绝缘电阻降低；或因漏油使油面下降，导致极对壳放电或元件击穿。

（4）鼓肚和内部游离：由于内部产生电晕、击穿放电和内部游离，电容器在过电压的作用下，使元件起始游离电压降低到工作电场强度以下，由此引起物理、化学、电气效应，使绝缘加速老化、分解，产生气体，形成恶性循环，使箱壳压力增大，造成箱壁外鼓以致爆炸。

（5）带电荷合闸引起电容器爆炸：任何额定电压的电容器组均禁止带电荷合闸。电容器组每次重新合闸，必须在开关断开的情况下将电容器放电 3min 后才能进行，否则合闸瞬间因电容器上残留电荷而引起爆炸。为此一般规定容量在 160kvar 以上的电容器组，应装设无压时自动放电装置，并规定电容器组的开关不允许装设自动合闸。

（6）由于温度过高、通风不良、运行电压过高、谐波分量过大或操作过电压等原因引起电容器损坏爆炸。

（五）电力电容器的运行及维护

1.运行基本要求

（1）电容器各相的容量应相等。

（2）应在额定电压和额定电流下运行，其变化范围应在允许范围内。

（3）电容器室内通风良好，运行温度不超过允许值。

（4）电容器不可带残余电荷合闸，拉闸后必须经过充分放电后方可合闸。

2.允许运行方式

（1）允许运行电压一般不宜超过额定电压的 1.05 倍，最高运行电压不得超过 1.1 倍额定电压。

（2）最大运行电流不得超过额定电流的 1.3 倍，三相电流差不得超过额定电流的 5%。

（3）电容器外壳温度不得超过 55℃。

3.电容器维护

（1）应经常巡视，每天不得少于一次。

（2）保护装置动作后，不允许强行试送，待查明原因并排除故障后，方可再次投入使用，原因不明时，电容器应试验后才能投入。

（3）处理故障时应将接地开关合上进行人工放电后，方可接触电容器。

(4)如装有外部熔断器,则对完好的电容器上的熔断器也应进行定期检查和更换。

(六)电力电容器操作规程

(1)高压电容器组外露的导电部分,应有网状遮拦,进行外部巡视时,禁止将运行中电容器组的遮拦打开。

(2)任何额定电压的电容器组,禁止带电荷合闸,每次断开后重新合闸,须在接地短路三分钟后(即经过放电后少许时间)方可进行。

(3)更换电容器的保险丝,应在电容器没有电压时进行。进行电容器保险芯更换前,应对电容器放电。

(4)电容器组的检修工作应在全部停电时进行,先断开电源,将电容器接地放电后,才能进行工作。高压电容器应根据工作票,低压电容器可根据口头或电话命令,但应做好书面记录。

第三节　过电压保护

一、雷电、过电压概述

(一)雷电的基本知识

雷电是发生在大气层中大气或云块在气流作用下产生异性电荷的积累使某处空气被击穿,电荷中和产生强烈的声、光、电并发的一种物理现象,通常是指带电的云层对大地之间、云层与云层之间、云层内部的放电现象。雷属于大气声学现象,是大气中的小区域强烈爆炸产生的冲击波而形成声波,而闪电则是大气中发生的火花放电现象。

闪电通常会在雷雨天出现,偶尔也出现在雷暴、雨层云、尘暴、火山爆发时。闪电的最常见形式是线状闪电,偶尔也可出现带状、球状、串球状、枝状等。线状闪电可在云内、云与云间、云与地面间产生,其中云内、云与云间闪电占大部分,而云与地面间的闪电仅占 1/6,但其对人类危害最大。

电闪雷鸣时在户外的人,为防雷击应当遵从以下五条原则。

(1)人体应尽量降低自己所处的高度,以免作为凸出尖端而被闪电直接击中。

(2)人体与地面的接触面要尽量缩小以防止因"跨步电压"造成伤害。

(3)不可到孤立大树下和无避雷装置的高大建筑体附近,不可手持金属体高举头顶。

(4)不要进水中,因水体导电好,易遭雷击。

(5)雷电期间在室内者,不要靠近窗户,尽可能远离电灯、电话、室外天线的引线等;在没有避雷装置的建筑物内,应避免接触烟囱、自来水管、暖气管道、钢柱等。

(二)过电压类型

造成过电压的几种情况介绍如下。

(1)直击雷。直击雷是雷击危害最主要的一种形式。由于直击雷是带电的云层对大地上的某一点发生猛烈的放电现象,所以它的破坏力巨大,若不能迅速将其泻放入大地,将导致放电通道内的物体、建筑物、设施、人畜遭受严重的破坏或损害。

(2)雷电波侵入。雷电不直接放电在建筑和设备本身,而是对布放在建筑物外部的线缆放电。线缆上的雷电波或过电压几乎以光速沿着电缆线路扩散,侵入室内电子设备和自动化控制等各个系统。因此,往往在听到雷声之前,我们的电子设备、控制系统等可能已经损坏。

(3)感应过电压。雷击在设备设施或线路的附近发生闪电不直接对地放电,只在云层与云层之间发生放电现象。闪电释放电荷,并在电源和数据传输线路及金属管道金属支架上感应生成过电压。

雷击放电于具有避雷设施的建筑物时,雷电波沿着建筑物顶部接闪器(避雷带、避雷线、避雷网或避雷针)、引下线泄放到大地的过程中,会在引下线周围形成强大的瞬变磁场,轻则造成电子设备受到干扰,数据丢失,产生误动作或暂时瘫痪;严重时可引起元器件击穿及电路板烧毁,使整个系统陷于瘫痪。

（4）系统内部操作过电压。因断路器的操作、电力负荷的投入和切除、系统短路故障等系统内部状态的变化而使系统参数发生改变,引起的电力系统内部电磁能量转化,从而产生内部过电压,即操作过电压。

操作过电压的幅值虽小,但发生的概率却远远大于雷电感应过电压。实验证明,无论是感应过电压还是内部操作过电压,均为暂态过电压（或称瞬时过电压）,最终以电气浪涌的方式危及电子设备,破坏印刷电路印制线,导致元件和绝缘过早老化寿命缩短、破坏数据库或使软件误操作,使一些控制元件失控。

（5）地电位反击。如果雷电直接击中具有避雷装置的建筑物或设施,接地网的地电位会在数微秒之内被抬高数万伏或数十万伏。高度破坏性的雷电流将从各种装置的接地部分,流向供电系统或各种网络信号系统,或者击穿大地绝缘而流向其他供电系统或各种网络信号系统,从而反击破坏或损害电子设备。同时,在未实行等电位连接的导线回路中,可能诱发高电位而产生火花放电的危险。

(三)雷电危害

（1）电性质破坏。雷电产生高达数万伏甚至数十万伏的冲击电压,可毁坏发电机、变压器、断路器、绝缘子等电气设备的绝缘,烧断电线或劈裂电杆,造成大规模停电;绝缘损坏会引起短路,导致火灾或爆炸事故;二次放电（反击）的火花也可能引起火灾或爆炸;绝缘的损坏,如高压窜入低压,可造成严重触电事故;巨大的雷电流入地下,会在雷击点及其连接的金属部分产生极高的对地电压,可直接导致接触电压或跨步电压的触电事故。

（2）热性质破坏。当几百甚至上千安的强大电流通过导体时,在极短的时间内将转换成大量热能。雷击点的发热能量约为 $500\sim2000J$,这一能量可熔化 $50\sim200cm^3$ 的钢。故在雷电通道中产生的高温往往会酿成火灾。

（3）机械性质破坏。由于雷电的热效应,能使雷电通道中木材纤维缝隙和其他结构缝隙中的空气剧烈膨胀,同时使水分及其他物质分解为气体,因而在被雷击物体内部出现很大的压力,致使被击物遭受严重破坏或造成爆炸。

(四)防雷建筑物分类

雷电对大地上目标的危害随其条件状况的不同而不同,如地理位置不同,建筑物结构与性质不同,建筑物内存放物不同等。因此,在防雷设施上也实施分类指导的原则。

在民用建筑物中,根据其用途及重要性不同分为三类。第一类为防雷民用建筑物,这类建筑物具有特殊用途的属国家级大型建筑,如国家级会堂、火车站、航空港、通信枢纽、国宾馆、旅游建筑、重点文物等。第二类为防雷民用建筑物是重要的或人员密集的大型建筑,如省、部级办公室、体育、广播与通信、商厦及剧场等。第三类为防雷民用建筑是高度超出20m 的建筑;超过 15m 的烟囱及塔等孤立建筑;历史上雷害多的地区等,以及雷击次数平均为 0.01 以上的建筑物。

二、过电压保护设备

过电压危害发电厂变电站电气设备的绝缘安全,人们一般采用避雷针、避雷线、避雷器进行防护,这些设备通常称为防雷设备。防止直击雷过电压一般使用避雷针或避雷线;防止感应雷过电压、侵入波以及内部过电压一般使用避雷器。

(一)避雷针

雷电击中物体会产生强烈的破坏作用。防雷是人类同自然斗争的一个重要课题。安装避雷针是人们行之有效的防雷措施之一。

1.避雷针概述

避雷针由接闪器、接地引下线和接地体(接地极)三部分串联组成。避雷针的接闪器是指避雷针高于被保护的物体顶端部分的金属针头。接地引下线是避雷针的中间部分,是用来连接雷电接闪器和接地体的。接地引下线的截面积不但应根据雷电流通过时的发热情况计算,使其不会因过热而熔化,而且还要有足够的机械强度。接地体是整个避雷针的最底下部分。它的作用不仅是安全地把雷电流由此导入地中,而且还要进一步使雷电流在流入大地时均匀地分散开去。

避雷针的工作原理就其本质而言,避雷针不是避雷,而是利用其高耸空中的有利地位,把雷电引向自身,承受雷击。把雷电流泄入大地,起着保护其附近比它低的建筑物或设备免受雷击的作用。

避雷针保护其附近比它低的建筑物或设备免受雷击是有一定范围的。这范围像一顶以避雷针为中心的圆锥形的帐篷,罩在帐篷里面空间的物体,可以免遭雷击。

2.避雷针保护范围

随着所要求保护的范围增大。单支避雷针的高度要升高,但如果所要求保护的范围比较狭长(如长方形),就不宜用太高的单支避雷针,这时可以采用两支较矮的避雷针。

每支避雷针外侧的保护范围和单支避雷针的保护范围相同;两支避雷针中间的保护范围由通过两避雷针的顶点以及保护范围上部边缘的最低点 O 作一圆弧来确定。这个最低点 O 离地面的高度为:$hO=h-D/7P$。

式中 hO—两避雷针之间保护范围上部边缘最低点的高度,m;h—避雷针的高度,m;D—两避雷针之间的距离,m;P—高度影响系数。

两避雷针之间高度为 hx 水平面上保护范围一侧的最小宽度为:$bx=1.5(hO-hx)$,当两避雷针间距离 $D=7hP$ 时,$hO=0$,这意味着此时两避雷针之间不再构成联合保护范围。

当单支或双支避雷针不足以保护全部设备或建筑物时,可装三支或更多支形成更大范围的联合保护,其保护范围在此不再赘述。

(二)避雷线

1.避雷线概述

避雷线也叫架空地线,它是沿线路架设在杆塔顶端,并具有良好接地的金属导线,避雷线是输电线路的主要防雷保护措施,架设杆塔一根或二根,用于防雷,110~220kV 线路一般沿全线架设。

架空送电线路遭受雷击时,可能打在导线上,也可能打在杆塔上。雷击导线时,在导线上将产生远高于线路额定电压的所谓"过电压",有时达几百万伏。它超过线路色缘子串的抗电强度时,绝缘子将"闪烁",往往引起线路跳闸,甚至造成信电事故。避雷线可以遮住导线,使雷尽量落在避雷线本身上,并通过杆上上的金属部分和埋设在地下的接地装置,使雷电流入大地。雷击杆塔或避雷线时,在杆塔和导线之间的电压超过绝缘子串的抗电强度时,绝缘三串也将闪烁,而造成雷击事故。通常用降低杆塔接地电阻的办法,来减二这类事故。

避雷线的保护效果丕同它下方的导线与它所成的角度有关,角度较小时,保护效果较好。在架有两根避雷线的情况下,容易获得较小的保护角,线路运行时的雷击跳闸故障也较少,但建设投资较大。我国近年来新建的 220kV 以下线路,多采用一根避雷线。

在雷击不严重的 1□kV 及较低电压的线路上,通常仅在靠近变电所2km 左右范围内装设避雷线,作为变电所进线的防雷措施。10kV 以下配电线路的绝缘强度一般都不高,如果在这种线路上装设架空地线,一旦架空地线上落雷,就容易从其接地引下线向配电线路发生"反击",不但起不到防止雷击的保护作用,相反还会引起雷害。此外,装设架空地线的费用也很大,所以在配电线路上一般都不装设架空地线。

2.避雷线保护范围

(1)单根避雷线的保护范围

在 hx 水平面上避雷线每侧保护范围的宽度的确定,当 hx...h/2 时,rx＝0.47(h－hx)P(7－7);当 hx＜h/2 时,rx＝(h－1.53hx)P(7－8)。

式中 r——每侧保护范围宽度,m;hx——被保护物高度,m;P——高度影响系数。

(2)双根避雷线的保护范围

两线的外侧保护范围按单线的计算方法确定。两线之间各横截面的保护范围,应由通过两避雷线点及保护范围上部边缘最低点 O 的圆弧确定。O 点的高度如下式计算:

$$H_o = h - \frac{D}{4P}$$

式中 h_o——两根避雷线间保护范围边缘最低点的高度,m;D——两根避雷线间的距离,m;h——每根避雷线的高度。

(三)避雷器

1.避雷器概述

当雷电入侵波超过某一电压值后,避雷器将优先于与其并联的被保护电力设备放电,将过电压泄入大地中从而限制了过电压,使与其并联的电力设备得到保护。避雷器是连接在导线和地之间的一种防止雷击的设备,通常与被保护设备并联。当被保护设备在正常工作电压下运行时,流过避雷器的电流仅有微安级,处于绝缘状态,避雷器不会产生作用,对地面来说视为断路。遭受过电压时,由于氧化锌阀片的优异非线性,流过避雷器的电流瞬间达数千安培,避雷器处于导通状态,释放过电压能量,由避雷器残压将过电压幅值限制在允许值内,从而有效地限制了过电压对输变电设备的损害。当过电压消失后,避雷器迅速恢复原状,使系统能够正常供电。避雷器的主要作用是通过并联放电间隙或非线性电阻的作用,对入侵流动波进行削幅,降低被保护设备所受的过电压值,从而达到保护电力设备的作用。

避雷器不仅可用来防护大气过电压,也可用来防护操作过电压。避雷器的主要类型有管型避雷器、阀型避雷器和氧化锌避雷器等。每种类型避雷器的主要工作原理不同,但是他们的工作实质是相同的,都是为了保护电气设备不受损害。

2.避雷器技术要求

(1)过电压作用时,避雷器先于被保护电力设备放电,当然这要由两者的伏秒特性配合来保证。

(2)避雷器应具有一定的熄弧能力,以便可靠地切断在第一次过零时的工频续流。

3.典型避雷器:金属氧化物避雷器

无间隙金属氧化物避雷器,由于其核心元件采用氧化锌阀片,与传统碳化硅避雷器相比,具有更优越的伏安特性,较高的通流能力,从而带来避雷器特征的根本变化。用于保护相应电压等级的电力主变、开关柜、箱式变、电力电缆出线头、柱上开关等配电设备免受大气过压及操作过电压的危险。

三、接地装置

(一)接地分类及作用

接地是将电气设备应接地部分通过接地线与埋在地下的接地体紧密连接起来。接地分为正常接地和非人为的故障接地。正常接地又可分为工作接地和安全接地。

1.工作接地

第一种情况是利用大地做导线的接地,在正常工作情况下有电流通过,例如直流工作接地、弱电工作接地等;第二种情况是维持系统安全运行的接地,正常情况下没有电流或有很小的不平衡电流通过,例如变压器的中性点接地、三相四线制系统的中性线等。

2.安全接地

主要包括防止触电的保护接地、防雷接地、防静电接地及屏蔽接地等。

3.故障接地

指带电体与大地发生意外的连接。

(二)接地装置的基本概念

接地装置是接地线和接地体的总称。接地体是埋入地下、与土壤紧密接触的金属导体;接地线是连接接地设备和接地体的金属导线。

接地体分为人工接地体和自然接地体。人工接地体是采用钢管、角钢、扁钢、圆钢等钢材专门制作埋入地下的导体。自然接地体是可以用来兼作接地体,埋入地下的金属管道、金属结构、钢筋混凝土地基等物件。

接地线包括接地干线和接地支线两部分。与接地体连通,供多台设备共用的接地线称为接地干线;把每台电气设备需要接地的部分与接地干线连接起来的金属导线称为接地支线。

(三)接地装置的相关参数

1.接地电流

接地电流指电气设备发生接地短路时,由故障点直接或经接地装置向大地散流的电流。

2.接地电阻

接地电流经接地体向土壤中流散。电流自接地体向大地流散的过程中所遇到的全部电阻,称为接地体的流散电阻。接地电阻是接地体的流散电阻与接地线的电阻之和。由于接地线的电阻很小,可以忽略不计,可以认为流散电阻就是接地电阻。

3.对地电压曲线

对地电压曲线是用曲线来表示接地体与周围各点的对地电压。

当电气设备发生漏电,电流自接地体向大地流散。并触及漏电设备外壳,加于人手和脚之间的电位差,称为接触电压即 Uc。人所站立的位置按人体离开设备 0.8m 考虑。图中乙紧靠接地体位置,承受的跨步电压 Us2 最大,甲离开了接地体,承受的跨步电压 Us1 要小一些。人的跨距一般按 0.8m 考虑,显然离开接地体 20m 以外,跨步电压为 0。Uc 为对地电压。

变电所(站)中需要保护接地的部分一般有变压器及各种电器设备的底座和外壳、开关电器的操作机构、互感器副边绕组、配电屏与控制屏的框架、屋外配电装置的金属架构、钢筋混凝土架构、电缆金属支架以及靠近带电部分的金属遮栏、金属门等。

(四)保护接零

1.零与接零

在 380/220V 的低压配电网中,电机三相绕组接成星形的星点与地有良好的连接即为常说的零,由零点引出的金属导体即为零线,或称接地中性线。为保证人身安全,将电气装置的金属外壳与零线进行良好的电气连接称为接零。

2.零线重复接地

在保护接零系统中,为了防止接地中性线断线,失去接零的保护作用,有时还需零线的重复接地。所谓零线的重复接地,即在保护接零的系统中,将零线每隔一段距离而进行的数点接地。值得注意的是,采用重复接地也并不是绝对安全的。由于重复接地点固定不变,而零线断线点位置不定。当零线某点断线后一部分设备外壳仍有带电的可能。

(五)低压配电系统的接地形式

低压配电系统接地形式有 TN、TT、IT 三种。

TN、TT、IT 三种形式均使用了两个字母,以表示三相电力系统和电气装置的外露可导电部分(即设备的外壳、底座等)的对地关系。

第一个字母表示电力系统的对地关系,即 T 表示一点直接接地;I 表示不接地,或通过阻抗接地。

第二个字母表示电气装置外露可导电部分的对地关系,即 T 表示独立于电力系统可接地点而直接接地;N 表示与电力系统可接地点进行直接电气连接。

1. TN 系统

TN 系统即电源系统有一点直接接地,电气装置的外露可导电部分通过保护线与该点连接。其触电防护采用的是保护接零的措施。按中性线和保护线的组合布置情况,TN 系统可以分为三种,即 TN-C 系统、TN-S 系统和 TN-C-S 系统。

(1)TN-C 系统:为三相四线制中性点直接接地,整个系统的 PE 线和 N 线是合一的系统。

(2)TN-S 系统:为三相五线制中性点直接接地,整个系统的 PE 线和 N 线是分开的系统。

(3)TN-C-S 系统:为三相四线制中性点直接接地,整个系统中 PE 线和 N 线有一部分是合一的系统。

2. TT 系统

TT 系统即电源系统与电气装置的外露可导电部分分别直接接地的系统。是采用保护接地的三相四线制供电系统。

3. IT 系统

IT 系统为三相三线制电源中性点不直接接地,电气装置的外露导电部分接地的系统。

(六)接地装置和接零装置的安全要求

(1)导电的连续性,不得有脱节现象。

(2)连接可靠,在有振动的地方,应采取防松措施。

（3）应有足够的机械强度。

（4）有足够的导电能力和热稳定性。

（5）有防止机械损伤的措施。

（6）有防腐蚀的措施。

（7）适当的埋设深度。为减少自然因素对接地电阻的影响，接地体上端埋入深度，一般不应小于 600mm，并应在冻土层以下。

（8）接地支线不得串联。为提高接地的可靠性，电气设备的接地支线（或接地干线）应单独与接地干线（接地支线）或接地体相连，不应串联连接。接地干线（接地零线）应有两处同接地体直接相连，以提高可靠性。

（七）接地装置安装程序

接地干线安装是从引下线断线卡至接地体和连接垂直接地体之间的连接线。接地干线一般使用 40mm×4mm 的镀锌扁钢制作。接地干线分为室内和室外连接两种。室外接地干线与支线一般敷设在沟内。室内的接地干线多为明敷，但部分设备连接支线需经过地面，也可以埋设在混凝土内。

室外接地干线敷设具体安装：

（1）根据设计图纸要求进行定位放线，挖土。

（2）将接地干线进行调直、测位、打眼、煨弯，并将短接卡子及接线端子装好。然后将扁钢放入地沟内，扁钢应保持侧放，依次将扁钢在距接地体顶端大于 50mm 处与接地体用电焊焊接。焊接时应将扁钢拉直，再将扁钢弯成弧形（或三角形）与接地钢管（或角钢）进行焊接。敷设完毕经验收后，进行回填并压实。

室内接地干线敷设具体安装方法如下。

（1）室内接地线是供室内的电气设备接地使用，多数是明敷设，但也可以埋设在混凝土内。明敷设的接地线大多数敷设在墙壁上或敷设在母线架和电缆的构架上。

（2）保护套管埋设：在配合土建墙体及地面施工时，在设计要求的位置上，预埋保护套管或预留出接地干线保护套管孔。护套管为方型套管，其规格应能保证接地干线顺利穿入。

（3）接地支持件固定：按照设计要求的位置进行定位放线，固定支持件无设计要求时距地面 250～300mm 的高度处固定支持件。支持件的间距必须均匀，水平直线部分为 0.5～1.5m，垂直部分 1.5～3m，弯曲部分为 0.3～0.5m。固定支持件的方法有预埋固定钩或托板法、预留支架洞口后安装支架法、膨胀螺栓及射钉直接固定接地线法等。

（4）接地线的敷设：将接地扁钢事先调直、打眼、煨弯加工后，将扁钢沿墙吊起，在支持件一端将扁钢固定住，接地线距墙面间隙应为 10～15mm，过墙时穿过保护套管，钢制套管必须与接地线做电气连通，接地干线在连接处进行焊接，末端预留或连接应符合设计规定。接地干线还应与建筑结构中预留钢筋连接。

（5）接地干线经过建筑物的伸缩（或沉降）缝时，如采用焊接固定，应将接地干线在过伸缩（或沉降）缝的一端做成弧形，或用直径 12mm 圆钢弯出弧形与扁钢焊接，也可以在接地线断开处用 $50mm^2$ 裸铜软绞线连接。

（6）为了连接临时接地线，在接地干线上需安装一些临时接地线柱（也称接地端子），临时接地线柱的安装，应根据接地干线的敷设形式不同采用不同的安装形式。常采用在接地干线上焊接镀锌螺栓做临时接地线柱法。

（7）明敷接地线的表面应涂以用 15～100mm 宽度相等的绿色和黄色相间的条纹。中性线宜涂淡蓝色标志，在接地线引向建筑物的入口处和在检修用临时接地点处，均应刷白色底漆并标以黑色接地标志。

（8）室内接地干线与室外接地干线的连接应使用螺栓连接以便检测，接地干线穿过套管或洞口应用沥青丝麻或建筑密封膏堵死。

（9）接地线与管道连接（等电位联结）：接地线和给水管、排水管及其他输送非可燃体或非爆炸气体的金属管道连接时，应在靠近建筑物的进口处焊接。若接地线与管道不能直接焊接时，应用卡箍连接，卡箍的内表面应搪锡。应将管道的连接表面擦拭干净，安装完毕后涂沥青。

第八章 数字电路的基本知识

第一节 数字电路概述

一、数字信号和数字电路

数字信号:在时间上和幅度上都离散的信号。数字信号常用抽象出来的二值信息 1 和 0 表示,反映在电路上就是高电平和低电平两种状态。

数字电路:是用来处理数字信号的电路。数字电路常用来研究数字信号的产生、变换、传输、储存、控制、运算等。

组合逻辑电路:任意时刻的输出信号仅取决于该时刻的输入信号,而与电路原来的状态无关(门电路、译码器)。

时序逻辑电路:任意时刻的输出信号不仅取决于当时的输入信号,还取决于电路原来的状态(触发器、计数器、寄存器)。

二、数字电路的特点

(1)数字信号是二值信号,可以用电平的高低来表示,也可以用脉冲的有无来表示,只要能区分出两个相反的状态即可。

(2)构成数字电路的基本单元电路结构比较简单,对元件的精度要求不高,允许有一定的误差。

(3)数字电路的抗干扰能力很强,工作稳定可靠。

三、数制

(一)十进制数

有十个不同数字 0~9,并且"逢十进一"。

任意一个十进制数,都可以表示成按权展开的多项式。

十进制中,个、十、百、千……各位的权,分别为 10^0、10^1、10^2、10^3……其中,10 被称为基数。

(二)二进制数

有两个不同数字 0 和 1,并且"逢二进一"。基数是 2,各数位的权是基数的整数次数。

整数部分各数位的权从最低位开始依次是 2^0、2^1、2^2、2^3、2^4……,小数部分各数位的权从最高位开始依次是 2^{-1}、2^{-2}、2^{-3}……

二进制数的表示:将二进制数用小括号括起来,右下角加个数字 2,如 $(1101)^2$。

$$(1101)^2 = 1 \times 2^3 + 1 \times 2^2 + 0 \times 2^1 + 1 \times 2^0$$

二进制数运算规则:

$$0+0=0 \quad 0+1=1 \quad 1+0=1 \quad 1+1=10 \quad 0 \times 0=0 \quad 0 \times 1=0 \quad 1 \times 0=0 \quad 1 \times 1=1$$

(三)二进制数与十进制数的相互转换

(1)二进制数转换成十进制数:按权展开求和。

方法:二进制数转换成十进制数,是将二进制数按权展开求和。

(2)十进制数转换成二进制数:除以 2 反序取余。

方法:十进制数转换成二进制数,是将十进制数除以 2,除完为止,然后反序取余数,即最先得到的余数作为最低位。

(四)八进制数

基数为 8,有八个数字 0~7,运算规则是"逢八进一"。

(1)十进制数转换成八进制数:除以 8 反序取余。

(2)八进制数转换成十进制数:按权展开求和。

(3)八进制数转换成二进制数。

方法一:先将八进制数转换成十进制数,再将十进制数转换成二进制数。

方法二:直接将八进制数转换成二进制数,就是将每一个八进制数分别转换成三位二进制数。

（4）二进制数转换成八进制数。

方法一：先将二进制数转换成十进制数，再将十进制数转换成八进制数。

方法二：将二进制数直接转换成八进制数，就是以小数点为界，分别向左向右，每三个二进制数为一组（如果不够三个二进制数，则分别向两边补0），然后将三个二进制数分别转为八进制数。

（五）十六进制数

基数为16，有十六个数字：0～9、A、B、C、D、E、F。其中 A、B、C、D、E、F 分别相当于10、11、12、13、14、15。运算规则是"逢十六进一"。

（1）十六进制数转换成十进制数。

（2）十进制数转换成十六进制数：除以16反序取余。

（3）十六进制数转换成二进制数。

方法一：将十六进制数转换成十进制数，再把十进制数转换为二进制数。

方法二：先将十六进制数直接转换成二进制数，就是将每一个十六进制数分别转为四位二进制数，如果不够四位二进制数，则左边补0。

（4）二进制数转换成十六进制数。

方法一：先将二进制数转换成十进制数，再把十进制数转换为十六进制数。

方法二：将二进制数直接转换成十六进制数，就是以小数点为界，分别向左向右，每四位二进制数为一组（如果不够四位，则分别向两边补0），再将四个二进制数分别转为十六进制数。

四、带符号二进制编码

在通常的算术运算中，用"＋"表示正数，用"－"表示负数。而在数字系统中，则是将一个数的最高位作为符号位，用0表示正数，用1表示负数,这种数称为机器数。而用"+""−"表示的数称为机器数的真值。

(一)原码、反码和补码的表示方法

1.原码

原码是在数值前直接加一符号位的表示法。

注意:①数 0 的原码有两种形式:~[+0]原＝00000000B;[−0]原＝10000000B。

②8 位二进制原码的表示范围:−127+127。

2.反码

正数:正数的反码与原码相同。

负数:负数的反码,符号位为"1",数值部分按位取反。

注意:①数 0 的反码有两种形式:[+0]反＝00000000B;[−0]反＝111111UB。

②8 位二进制反码的表示范围:−127+127

3.补码

正数:正数的补码和原码相同。负数:负数的补码则是符号位为"1",数值部分按位取反后再在末位(最低位)加 1,也就是"反码＋1"。

补码在微型机中是一种重要的编码形式,请注意:

①采用补码后,可以方便地将减法运算转化成加法运算,运算过程得到简化。正数的补码即它所表示的数的真值,而负数的补码的数值部分却不是它所表示的数的真值。采用补码进行运算,所得结果仍为补码。

②与原码、反码不同,数值 0 的补码只有一个,~即[0]补＝00000000B。

③若字长为 8 位,则补码所表示的范围为−128+127。进行补码运算时,应注意所得结果不应超过补码所能表示的范围。

注意:正数的原码、反码、补码都是一样的;负数的反码就是符号位不变(即为"1"),其余位取反;负数的补码就是"反码＋1"。

(二)原码、反码和补码之间的转换

由于正数的原码、补码、反码表示均相同,故不需要转换。在此,仅对负数情况进行分析。

(1)已知原码,求补码。

已知某数 X 的原码为 10110100B,试求 X 的补码和反码。

解由 X 原＝10110100B 知,X 为负数。求其反码时,符号位不变,数值部分按位求反;求其补码时,再在其反码的末位加 1。

(2)已知补码,求原码。

分析:按照求负数补码的逆过程,数值部分应是最低位减 1,然后取反。但是对于二进制数来说,先减 1 后取反和先取反后加 1 得到的结果是一样的,故仍可采用取反加 1 的方法。

原码表示简单直观,与真值转换容易,但符号位不能参加运算。在计算机中用原码实现算术运算时,取其绝对值进行运算,符号位单独处理,这对于乘除运算是很容易实现的,但对加减运算是非常不方便的,如两个异号数相加,实际是要做减法,而两个异号数相减,实际是要做加法。在做减法时,还要判断操作数绝对值的大小,这些都会使运算器的设计变得很复杂。

那么,能否找到一种机器码,可以化减为加,同时又使运算规则比较简单呢? 答案是肯定的,只要对负数的表示方法作适当的变换,就可以实现这一目的,补码正是这样一种机器码。

在日常生活中,有许多化减为加的例子。例如,时钟是逢 12 进位,12点也可看作 0 点。当将时针从 10 点调整到 5 点时有以下两种方法:

一种方法是将时针按逆时针方向拨 5 格,相当于做减法;另一种方法是将时针按顺时针方向拨 7 格,相当于做加法。

这是由于时钟以 12 为模,在这个前提下,当和超过 12 时,可将 12 舍去。于是,减 5 相当于加 7。同理,减 4 可表示成加 8,减 3 可表示成加 9,……

在数学中,用"同余"概念描述上述关系,即两整数 X、8 用同一个正整数(称为模)去除而余数相等。

具有同余关系的两个数为互补关系,其中一个称为另一个的补码。当 M＝12 时,－5 和＋7,－4 和＋8,－3 和＋9 就是同余的,它们互为补码。

从同余的概念和上述时钟的例子,不难得出结论:对于某一确定的模,用某数减去小于模的另一个数,总可以用某数加上"模减去该数绝对值的差"来代替。因此,在有模运算中,减法就可以化作加法。

(三)原码、补码、反码三者的比较

对原码、补码、反码三者进行比较,可以看出它们之间既有共同点,又有不同之处。为了更好地了解这三种机器码的特点,现将三者的异同点总结如下。

(1)对于正数,三种码的表示形式一样;对于负数,三种码的表示形式不一样。

(2)三种码的最高位都是符号位,0 表示正数,1 表示负数。

(3)根据定义,原码和反码各有两种表示 0 的形式,而补码表示 0 只有唯一的形式,即在 N 位字长的定点整数表示中。

(4)原码和反码表示的数的范围是相对于 0 对称的,表示的范围也相同。而补码表示的数的范围相对于 0 是不对称的,表示的范围和原码、反码也不同。这是由于当字长为 N 位时,它们都可以有 2N 个编码,但原码和反码表示 0 用了两个编码形式,而补码表示。只用了一个编码形式。于是,同样字长的编码,补码可以多表示一个负数,这个负数在原码和反码中是不能表示的。

五、二十进制码(BCD 码)

二十进制码是用四位二进制码表示一位十进制数的代码,简称为 BCD 码(Binary－CodedDecimal)。这种编码方法有很多,但常用的是 8421 码、5421 码和余 3 码等。

(一)8421 码

8421 码是最常用的一种十进制数编码,它是用四位二进制数 0000 到 1001 来表示一位十进制数,每一位都有固定的权。从左到右,各位的权依次为 2^3、2^2、2^1、2^0,即 8、4、2、1。可以看出,8421 码对十进数的十个数字符号的编码表示和二进制数中表示的方法完全一样,但不允许出现 1010～1111 这六种编码,因为没有相应的十进制数字符号与其对应。

8421 码具有编码简单、直观、表示容易等特点,尤其是和 ASCII 码之间的转换十分方便,只需将表示数字的 ASCII 码的高几位去掉,便可得到 8421 码。两个 8421 码还可直接进行加法运算,如果对应位的和小于 10,结果还是正确的 8421 码;如果对应位的和大于 9,可以加上 6 校正,仍能得到正确的 8421 码。

(二)余 3 码

余 3 码也是用四位二进制数表示一位十进制数的,但对于同样的十进制数字,其表示比 8421 码多 0011,所以叫余 3 码。余 3 码用 0011～1100 这十种编码表示十进制数的十个数字符号。

余 3 码的表示不像 8421 码那样直观,各位也没有固定的权。但余 3 码是一种对 9 的自补码,即将一个余 3 码按位变反,可得到其对 9 的补码,这在某些场合是十分有用的。两个余 3 码也可直接进行加法运算,如果对应位的和小于 10,结果减 3 校正;如果对应位的和大于 9,结果加上 3 校正,最后结果仍是正确的余 3 码。5421 码最高位的权是 5,其他类似于 8421 码,这里就不多讲了。

六、ASCⅡ 码

ASCⅡ 码是美国国家信息交换标准代码的简称,是当前计算机中使用最广泛的一种字符编码,主要用来为英文字符编码。当用户将包含英文字符的源程序、数据文件、字符文件从键盘上输入到计算机中时,计算机接收并存储的就是 ASCⅡ 码。计算机将处理结果送给打印机和显示器时,除汉字以外的字符一般也是用 ASCⅡ 码表示的。

ASCⅡ 码包含 52 个大、小写英文字母,10 个十进制数字字符,32 个标点符号、运算符号、特殊号,还有 34 个不可显示打印的控制字符编码,共 128 个编码,正好可以用 7 位二进制数进行编码。有的计算机系统使用由 8 位二进制数编码的扩展 ASCⅡ 码,其前 128 个是标准的 ASCII 码字符编码,后 128 个是扩充的字符编码。

七、可靠性编码

表示信息的代码在形成、存储和传送过程中,由于某些原因可能会出现错误。为了提高信息的可靠性,需要采用可靠性编码。可靠性编码具有某种特征或能力,使得代码在形成过程中不容易出错,或者能发现错误,有的还能纠正错误。

(一)循环码

循环码又叫格雷码,具有多种编码形式,但它们都有一个共同的特点,就是任意两个相邻的循环码仅有一位编码不同。这个特点有着非常重要的意义。例如四位二进制计数器,在从 0101 变成 0110 时,最低两位都要发生变化。当两位不是同时变化时,如最低位先变,次低位后变,就会出现一个短暂的误码 0100。采用循环码表示时,因为只有一位发生变化,就可以避免出现这类错误。

循环码是一种无权码,每一位都是按一定的规律循环的。任意两个相邻的编码仅有一位不同,而且存在一个对称轴(在 7 和 8 之间),对称轴上边和下边的编码,除最高位互补外,其余各个数位都是以对称轴为中线镜像对称的。

(二)奇偶校验码

为了提高存储和传送信息的可靠性,广泛使用一种称为校验码的编码形式。校验码是将有效信息位和校验位按一定的规律编成的编码形式。校验位是为了发现和纠正错误添加的冗余信息位。在存储和传送信息时,将信息按特定的规律编码,在读出和接收信息时,按同样的规律检测,看规律是否被破坏,从而判断是否有错。目前使用最广泛的是奇偶校验码和循环冗余校验码。

奇偶校验码是一种最简单的校验码,它的编码规律是在有效信息位上添加一位校验位,以显示编码中 1 的个数是奇数或偶数。编码中 1 的个数是奇数的称为奇校验码,1 的个数是偶数的称为偶校验码。

奇偶校验码在编码时可根据有效信息位中 1 的个数决定添加的校验位是 1 还是 0,校验位可添加在有效信息位的前面,也可以添加在有效信息位的后面。

在读出或接收到奇偶校验码时,检测编码中 1 的个数是否符合奇偶规律,如不符合则出现错误。奇偶校验码可以发现错误,但不能纠正错误。当出现偶数个错误时,奇偶校验码也不能发现错误。

第二节　逻辑代数基础

一、逻辑代数的特点和基本运算

逻辑代数是一种研究因果关系的代数,和普通代数类似,可以写成下面的表达形式 Y＝F(A,B,C,D)逻辑变量 A,B,C 和 D 称为自变量,Y 称为因变量。描述因变量和自变量之间关系的函数称为逻辑函数。它有普通代数所不具有的两个特点:

第一,不管是变量还是函数的值只有"0"和"1"两个,且这两个值不表示数值的大小,只表示事物的性质、状态等。

在逻辑电路中,通常规定 1 代表高电平,0 代表低电平,这是正逻辑。如果规定 0 代表高电平,1 代表低电平,则称为负逻辑。在以后如不专门声明,指的都是正逻辑。

第二,逻辑函数只有三种基本运算,分别是与运算、或运算和非运算。

逻辑函数可以用逻辑表达式、逻辑电路、真值表、卡诺图等方法表示。

运算的例子在日常生活中经常会遇到,如串联开关电路,灯 F 亮的条件是开关 A 和 B 都必须接通。如果开关闭合表示 1,开关断开表示 0,灯亮表示 1,灯灭表示 0,则灯和开关之间的逻辑关系可表示为 $F = A \cdot B$。

第三,非运算的真值表,即"见 1 出 0,见 0 出 1"。反映了灯 F 和开关 A 之间的非运算关系。如果闭合开关,灯就不亮;如果断开开关,灯就会亮。

二、逻辑代数的基本公式和规则

逻辑代数的基本公式对于逻辑函数的化简是非常有用的。大部分逻辑代数的基本公式的正确性是显见的,以下仅对不太直观的公式加以证明。

(一)基本公式

(1)0－1 律:$A + 1 = 1 \quad A0 = 0$

(2)自等律:$A + 0 = A \quad A1 = A$

(3)互补律:$A \cdot \overline{A} = 0 \quad A + \overline{A} = 1 \cdot$

(4)交换律:$A + B = B + A \quad AB = BA \cdot \cdot \cdot \cdot$

(5)结合律:$A + (B + C) = (A + B) + C \quad A(BC) = (AB)C$

(6)分配律:$A + B \cdot C = (A + B) \cdot (A + C) \quad A \cdot (B + C) = A \cdot B + A \cdot C$

(7)吸收律:$A + AB = A \quad A + \overline{A}B = A + B \quad A \quad B + \overline{A} \quad C + BC = AB + \overline{A}C$

(8)重叠律:$A + A = A \quad AA = A$

(9)反演律:$\overline{A \cdot B} = \overline{A} + \overline{B} \quad \overline{A + B} = \overline{A} \cdot \overline{B}$

(10)还原律:$\overline{\overline{A}} = A$

(11)包含律:$AB + \overline{A}C + BC = AB + \overline{A}C$

证明:$AB + \overline{A}C + BC = AB + \overline{A}C + BC(A + \overline{A}) = AB + \overline{A}C + ABC + \overline{A}BC = AB + \overline{A}C$

(二)运算规则

逻辑代数有三个重要的运算规则,即代入规则、反演规则和对偶规则,这三个规则在逻辑函数的化简和变换中是十分有用的。

1.代入规则

代入规则是指将逻辑等式中的一个逻辑变量用一个逻辑函数代替,并使逻辑等式仍然成立。使用代入规则,可以容易地证明许多等式,扩大基本公式的应用范围。

2.反演规则

反演规则是指如果将逻辑函数 F 的表达式中所有的"·"都换成"+","+"都换成"·","1"都换成"0","0"都换成"1",原变量都换成反变量,反变量都换成原变量,所得到的逻辑函数就是 F 的反函数。

利用反演规则可以很容易地写出一个逻辑函数的反函数。

3.对偶规则

对偶规则是指如果将逻辑函数的表达式中所有的"·"都换成"+""+"都换成"·",常量"1"都换成"0","0"都换成"1",所得到的逻辑函数就是的对偶式,记为。如果两个逻辑函数相等,则对偶式也相等。利用对偶规则可以使逻辑函数的证明简单化。

三、常用逻辑门电路

能实现逻辑运算的电路称为门电路。用基本的门电路可以构成复杂的逻辑电路,完成任何逻辑运算功能。这些逻辑电路是构成计算机及其他数字系统的重要基础。

与门、或门和非门电路是最基本的门电路,可分别完成与、或、非的逻辑运算。

(一)与门电路

与门电路用逻辑符号表示。输入端只要有一个为低电平,输出端就为低电平;只有输入端全是高电平时,输出端才是高电平。

(二)或门电路

或门电路用逻辑符号表示。当输入端有一个或一个以上为高电平时,输出端就为高电平;只有当输入端全是低电平时,输出端才是低电平。

(三)非门电路

非门电路用逻辑符号表示,具有一个输入端和一个输出端。当输入端是低电平时,输出端是高电平;而输入端是高电平时,输出端是低电平。

在实际应用中,利用与门、或门和非门之间的不同组合可构成复合门电路,完成复合逻辑运算。常见的复合门电路有与非门、或非门、与或非门、异或门和同或门电路。

(四)与非门电路

与非门电路相当于一个与门和一个非门的组合,可完成以下逻辑表达式的运算:$F = \overline{A \cdot B}$。

与非门电路用逻辑符号表示。通过分析与非门完成的运算可知,与非门的功能是,仅当所有的输入端是高电平时,输出端才是低电平;只要输入端有低电平,输出必为高电平。

(五)或非门电路

或非门电路相当于一个或门和一个非门的组合,可完成以下逻辑表达式的运算:$F = \overline{A + B}$

或非门电路用逻辑符号表示。通过分析或非门完成的运算可知,仅当所有的输入端是低电平时,输出端才是高电平;只要输入端有高电平,输出必为低电平。

(六)与或非门电路

与或非门电路相当于两个与门、一个或门和一个非门的组合,可完成以下逻辑表达式的运算:$F = \overline{AB + CD}$

与或非门电路用逻辑符号表示。通过分析与或非门完成的运算可知,与或非门的功能是将两个与门的输出相或后取反输出。与或非门电路也可以由多个与门和一个或门、一个非门组合而成,从而具有更强的逻辑运算功能。

(七)异或门电路

异或门电路可以完成逻辑异或运算,运算符号用"⊕"表示。异或运算逻辑表达式为:F＝A⊕B。通过对异或运算规则的分析可得出结论:当两个变量取值相同时,运算结果为0;当两个变量取值不同时,运算结果为1。如推广到多个变量异或时,当变量中1的个数为偶数时,运算结果为0;1的个数为奇数时,运算结果为1。

(八)同或门电路

同或门电路用来完成逻辑同或运算,运算符号是"⊙"。同或运算的逻辑表达式为:F＝A⊙B。同或运算的规则正好和异或运算相反。

四、最小项和最小项表达式

(一)最小项

如果一个具有n个变量的逻辑函数的"与项"包含全部n个变量,每个变量以原变量或反变量的形式出现,且仅出现一次,则这种"与项"被称为最小项。

对两个变量A、B来说,可以构成四个最小项,即AB、AB、AB、AB。对三个变量A、B、C来说,可构成八个最小项:ABC、ABC、ABC、ABC、ABC、ABC、ABC、ABC。同理,对n个变量来说,可以构成2n个最小项。

为了叙述和书写方便,最小项通常用符号mi表示,i是最小项的编号,是一个十进制数。确定i的方法是:首先将最小项中的变量按顺序A,B,C,D…排列好,然后将最小项中的原变量用1表示,反变量用0表示,这时最小项表示的二进制数所对应的十进制数就是该最小项的编号。

(二)最小项表达式

如果一个逻辑函数的表达式是由最小项构成的与或式,则这种表达式称为逻辑函数的最小项表达式,也叫标准与或式。例如:F＝ABCD－＋ABCD－＋ABCD。是一个四变量的最小项表达式。

对一个最小项表达式可以采用简写的方式,例如:

F(A,B,C)＝A－BC－＋AB－C＋ABC＝m2＋m5＋m7＝∑m(2,5,7)

要写出一个逻辑函数的最小项表达式,可以有多种方法,最简单的方法是先给出逻辑函数的真值表,然后将真值表中能使逻辑函数取值为1的各个最小项相同就可以了。

五、逻辑函数的化简

逻辑函数的表达式和逻辑电路是一一对应的,表达式越简单,实现该功能的逻辑电路也越简单。

在传统的设计方法中,通常用与或表达式定义最简表达式,其标准是表达式中的项数最少,每项含的变量也最少。这样用逻辑电路去实现时,用的逻辑门最少,每个逻辑门的输入端也最少,另外还可提高逻辑电路的可靠性和运行速度。

在现代设计方法中,多采用可编程的逻辑器件进行逻辑电路的设计。设计并不一定要追求最简单的逻辑函数表达式,而是追求设计简单方便、可靠性好、效率高。但是,逻辑函数的化简仍是需要掌握的重要基础技能。

逻辑函数的化简方法有多种,最常用的方法是逻辑代数化简法和卡诺图化简法。

(一)逻辑代数化简法

逻辑代数化简法就是利用逻辑代数的基本公式和规则对给定的逻辑函数表达式进行化简。常用的逻辑代数化简法有吸收法、消去法、并项法、配项法。

1. 吸收法

利用公式 $A+AB=A$,吸收多余的与项。

2. 消去法

利用公式 $A+\overline{A}B=A+B$,消去与项中多余的因子。

3. 并项法

利用公式 $A+\overline{A}=1$,把两项合并成一项。

(二)卡诺图化简法

采用逻辑代数法化简,不仅要求熟练掌握逻辑代数的公式,且需要较高的化简技巧。卡诺图化简法简单、直观、有规律可循,当变量较少时,用来化简逻辑函数是十分方便的。

1.卡诺图

卡诺图其实是真值表的一种特殊排列形式。n个变量的逻辑函数有2n个最小项,每个最小项对应一个小方格,所以,n个变量的卡诺图由2n个小方格构成,这些小方格按一定的规则排列。

分析卡诺图可看出它有以下两个特点:

(1)相邻小方格和轴对称小方格中的最小项只有一个因子不同,这种最小项称为逻辑相邻最小项;

(2)合并2k个逻辑相邻最小项,可以消去k个逻辑变量。

2.逻辑函数的卡诺图表示

用卡诺图表示逻辑函数时,可分以下几种情况考虑。

(1)利用真值表画出卡诺图

如果已知逻辑函数的真值表,画出卡诺图是十分容易的。对应逻辑变量取值的组合,函数值为1时,在小方格内填1;函数值为0时,在小方格内填0(也可以不填)。

(2)利用最小项表达式画出卡诺图

当逻辑函数是以最小项形式给出时,可以直接将最小项对应的卡诺图小方格填1,其余的填0。这是因为任何一个逻辑函数等于其卡诺图上填1的最小项之和。例如对四变量的逻辑函数:$F2 = \sum m(0,5,7,10,13,15)$

(3)通过一般与或式画出卡诺图

有时逻辑函数是以一般与或式形式给出,在这种情况下画卡诺图时,可以将每个与项覆盖的最小项对应的小方格填1,重复覆盖时,只填一次就可以了。对那些与项没覆盖的最小项对应的小方格填0或者不填。

如果逻辑函数以其他表达式形式给出,如或与式、与或非、或与非式,或者是多种形式的混合表达式,这时可先将表达式变换成与或式后再画卡诺图,也可以写出表达式的真值表,利用真值表画出卡诺图。

3.用卡诺图化简逻辑函数的过程

用卡诺图表示出逻辑函数后,其化简可分成两步进行:第一步是将填1的逻辑相邻小方格圈起来,称为卡诺圈;第二步是合并卡诺圈内那些填1的逻辑相邻小方格代表的最小项,并写出最简的逻辑表达式。

画卡诺圈时应注意以下几点。

(1)卡诺圈内填1的逻辑相邻小方格数应是。

(2)填1的小方格可以处在多个卡诺圈中,但每个卡诺圈中至少要有一个填1的小方格/在其他卡诺圈中没有出现过。

(3)为了保证能写出最简单的与或表达式,首先应保证卡诺圈的个数最少(表达式中的与项最少),其次是每个卡诺圈中填1的小方格最多(与项中的变量最少)。由于卡诺圈的画法在某些情况下不是唯一的,因此写出的最简逻辑表达式也不是唯一的。

(4)如果一个填1的小方格不和任何其他填1的小方格相邻,这个小方格也要用一个与项表示,最后将所有的与项相或就得到化简后的逻辑表达式。

4.包含无关项的逻辑函数的化简

对一个逻辑函数来说,如果针对逻辑变量的每一组取值,逻辑函数都有一个确定的值与之相对应,则这类逻辑函数称为完全描述逻辑函数。但是,从某些实际问题归纳出的逻辑函数,输入变量的某些取值所对应的最小项不会出现或不允许出现,也就是说,这些输入变量之间存在一定的约束条件。那么,这些不会出现或不允许出现的最小项被称为约束项,其值恒为0。还有一些最小项,无论取值0还是取值1,对逻辑函数代表的功能都不会产生影响。那么,这些任意取值的最小项称为任意项。约束项和任意项统称无关项,包含无关项的逻辑函数称为非完全描述逻辑函数。无关最小项在逻辑表达式中用$\sum d(\cdots)$表示,在卡诺图上用"X"表示,化简时既可代表0,也可代表1。

在化简包含无关项的逻辑函数时,由于无关项可以加进去,也可以去掉,而且不会对逻辑函数的功能产生影响,因此利用无关项就可能进一步化简逻辑函数。

第三节　集成逻辑电路

一、TTLD 的特性和参数

TTL 电路是目前双极型数字集成电路中用得最多的一种。

(一)TTL 反相器电路结构和工作原理

反相器是 TTL 门电路中电路结构最简单的一种。74 系列 TTL 反相器的典型电路,因为这种电路的输入端和输出端均为三极管结构,所以又称作三极管,三极管逻辑电路(Transistor－Transistor－Logic),简称 TTL 电路。

TTL 反相器的电路由三部分组成,即 Vt1、R1 和 VD1 组成输入级,VT2、R2 和 R3 组成倒相级,VT3、VT4、VD2 和 R4 组成输出级。设电源电压 VCC＝5V,输入信号的高、低电平分别为 VIH＝3V,VIL＝0.3V,并认为二极管正向压降为 0.7V。

当 Ⅵ ＝ VIL 时,Vt1 的发射结必然导通,导通后 VT1 的基极电位 VBI 被钳在 1V。因此,VT2、VT5 不导通。Vt1 截止后 vc2 为高电平,VT4 导通,v0＝5－VR2－0.7－0.7≈3.6V,输出为高电平 VOH。

当 Ⅵ ＝ VIH 时,如果不考虑 VT2 的存在,则应有 VB1 ＝ VIH ＋0.7＝3.7V。显然,在 Vt1 和 VT5 存在的情况下,VT2 和 VT4 必然饱和导通。此时,VB1 便被钳在了 2.1V 左右。Vt2 和 VT5 饱和导通使 VC2 降为 1V,导致 VT4 截止,v0＝0.3V,输出变为低电平 VOL。

可见输出和输入之间是反相关系,即 Y＝A。

输出级的工作特点是在稳定状态下 VT4 和 VT5 总是一个导通而另一个截止,这就有效地降低了输出级的静态功耗并提高了驱动负载的能力。通常把这种形式的电路称为推拉式电路或图腾柱输出电路。为确保 VT5 饱和导通时 VT4 可靠地截止,又在 VT4 的发射极下面串进了二极管 VD2。

VD1 是输入端钳位二极管,它既可以抑制输入端可能出现的负极性干扰脉冲,又可以防止输入电压为负时 Vt1 的发射极电流过大,起到保护作用。这个二极管允许通过的最大电流约为 20mA。

(二)电压传输特性

在曲线的大 AB 段,因为 $V_I<0.6V$,所以,$V_{B1}<1.3V$,VT2 和 VT5 截止而 VT4 导通,故输出为高电平。我们把这一段称为特性曲线的截止区。在 BC 段里,由于 $V_I>0.7V$ 但低于 1.3V,所以 VT2 导通而 VT5 依旧截止。这时 VT2 工作在放大区,随着 V_I 的升高 v_{C2} 和 v_0 线性地下降,这一段称为特性曲线的线性区。当输入电压上升到 1.4V 左右时,V_{B1} 约为 2.1V,这时 VT2 和 VT5 将同时导通,VT4 截止,输出电位急剧地下降为低电平,与此对应的 CD 段称为转折区。转折区中点对应的输入电压称为阈值电压或门槛电压,用 VTH 表示,分析电路时一般取其值为 1.4V。

此后当输入电压 V_I 继续升高时,v_0 不再变化,进入特性曲线的 DE 段。DE 段称为特性曲线的饱和区。

(三)输入端噪声容限

从电压传输特性上可以看到,当输入信号偏离正常的低电平(0.3V)而升高时,输出的高电平并不立刻改变。同样,当输入信号偏离正常高电平(3.4V)而降低时,输出的低电平也不会马上改变。因此,允许输入的高、低电平信号各有一个波动范围。在保证输出高、低电平基本不变(或者说变化的大小不超过允许限度)的条件下,输入电平的允许波动范围称为噪声容限。

以下先介绍与输入端噪声容限有关的电压参数。

(1)输出高电平 VOH。VOH 是门电路处于截止时的输出电平,其典型值是 3.6V。规定最小值 VCH(min)为 2.4V。

(2)输出低电平 VCL。VCL 是门电路处于导通时的输出电平,其典型值是 0.3V,规定最大值 VOL(max)为 0.4V。

(3)输入高电平 VIN。其典型值是 3.6V。保证输出为低电平时的最小输入高电平称为开门电平 VON,其值为 2V。

(4)输入低电平 VIL。其典型值是 0.3V。保证输出为高电平时的最大输入低电平称为关门电平 VOFF,其值为 0.8V。

门电路的噪声容限反映它的抗干扰能力,其值大则抗干扰能力强。高电平噪声容限为:VNH＝VIH－VOH＝VOH(min)－VON＝(2.4－2)V＝0.4V

低电平噪声容限为:VNI＝VCFF－VIL＝VOFF－VOL(max)＝(0.8－0.4)V＝0.4V

(四)负载能力

在实际使用中一个门电路经常要驱动其他门电路。这时我们将 G1 门称为驱动门,而将其他门称为负载门。所谓门电路的负载能力就是指它可驱动的负载门的个数。当驱动门和负载门为同类型门时,负载能力可由门电路的参数 N(称为扇出系数)给出。如果驱动门和负载门的类型不相同就需具体计算。

计算负载能力的原则是驱动门的输出电流要大于等于负载门的输入电流。由于门电路输出高、低电平时的电流大不相同,故下式计算取其小者。

$$N1＝IOL/IILN2＝IOH/IIH$$

上式中 IOL,IOH 为驱动门的输出低电平电流和输出高电平电流,IIL,IIH 为负载门的输入低电平电流和输入高电平电流。

(五)输入端负载特性

在具体使用门电路时,有时需要在输入端与地之间或者输入端与信号的低电平之间接入电阻 R_P。因为输入电流流过 RP,这就必然会在 RP 上产生压降而形成输入端电位 v1。v1 随 RP 变化的规律,即输入端负载特性可表示为：

$$v_1 = \frac{R_P}{R_1 + R_P}(V_{CC} - V_{BE1})$$

上式表明，在 $R_P < R_1$ 的条件下，v_1 几乎与 R_P 成正比。但是当上 v_1 升到 1.4V 以后，Vt1 和 VT2 的发射结同时导通，将 VB1 钳位在了 2.1V 左右，所以即使 R_P 再增大，v_1 也不会再升高了。这时 v_1 与 RP 的关系也就不再遵守式的关系，特性曲线趋近于 $v_1 = 1.4V$ 的一条水平线。

由以上分析可以看到，输入电阻的大小会影响阀门的输出状态。保证非门输出为低电平时，允许的最小电阻，称为开门电阻，用 RON 表示。由特性曲线可以看到 RON 为 2kΩ。保证非门输出为高电平时，允许的最大电阻，称为关门电阻，用 ROFF 表示。由特性曲线可以看到对应 v_1 为 0.8V 时的 ROFF 为 700～800Ω。还可以看到，输入端悬空，R_P 相当于无穷大，也即相当于输入高电平。

(六)平均传输延迟时间

在反相器的输入端加上一个脉冲电压，则输出电压有一定的延迟。从输入脉冲上升沿的 50％ 处起到输出脉冲下降沿的 50％ 处的时间称为上升延迟时间 tpd1；从输入脉冲下降沿的 50％ 处起到输出脉冲上升沿的 50％ 处的时间称为下降延迟时间 tpd2。tpd1 和 tpd2 的平均值称为平均传输延迟时间 tpd，此值越小越好。

二、集电极开路的门电路(OCD)

OC 门(Open Collector Gate)是一种计算机常用的特殊门。

(一)电路形式

OC 门的电路图，在此电路中，输出管 VT5 集电极开路，相当于去掉了一般 TIL 与非门中的三极管 VT4、二极管 VT2 及电阻 R4。国际符号则与普通门电路一致。当 A,B,C 输入全为高电平时，三极管 VT2、VT5 均饱和导通，输出端 Y 为低电平 0.3V。当输 A,B,C 中有低电平(0.3V)

时，VT1 管特殊深饱和，$v_{cl}=(0.3+0.1)V=0.4V$，三极管 VT2、VT5 均截止，输出端 Y 为高电平 EP。因此，它仍有："全高出低，有低出高"的输入、输出电平关系，是一个正逻辑的与非门。

(二)OC 门的应用

在实际使用中，OC 门在计算机中应用很广，它可实现"线与"逻辑、逻辑电平的转换及总线传输，下面分别加以说明。

1. 实现"线与"逻辑

用导线将两个或两个以上的 OC 门输出连接在一起，其总的输出为各个 OC 门输出的逻辑"与"，这种用导线连接而实现的逻辑与就称作"线与"。

2. 实现逻辑电平的转换

在数字逻辑系统中，可能会应用到不同逻辑电平的电路，如 TTL 逻辑电平（$VH=3.6V$，$VL=0.3V$）就和后面将要介绍到的 CMOS 逻辑电平（$VH=10V$，$VL=0V$）不同，如果信号在不同逻辑电平的电路之间传输，就会造成信号不匹配，因此中间必须加上接口电路。OC 门就可以用来作为这种接口电路。

三、三态输出门(TS 门)

TS 门(Three State Gate)也是一种在计算机中广泛使用的特殊门电路。三态门有三种输出状态。

(一)电路形式

最简单的三态门电路。在此电路中，若控制端 E/D＝0，VT6 管截止，VT3、VT6、VD2 构成的电路对由 Vt1，VT2，VT5，VT4，VD1 构成的 TTL 基本与非门无影响，因此输出 $L=A \cdot B$，该门电路处于工作态。当控制端 E/D＝1 时，VT6 饱和导通，$Vc6 \approx 0.3V$，相当于在基本与非门一个输入端加上低电平，因此 VT2、VT6 管截止，同时，二极 VD2 因 VT6 饱和导通，使 VT2 集电极电位 Vc2 钳位在 1V，使 VT4 和 VD1 无导通的可能，此时的 L 处于高阻悬浮状态，这是三态门的禁止态。

这个三态门的新标准符号 EN 表示"使能"关联符号,当它为"0"时允许动作,当它为"1"时禁止动作。

(二)三态门的应用

三态门主要应用于总线传送,它可进行单向数据传送,也可进行双向数据传送。

在任何时刻,三态门中仅允许其中一个控制输入端为"0",而其他门的控制输入端均为"1",也就是这个输入为"0"的三态门处于工作态,其他门均处于高阻态,此门相应的数据 Di 就被反相送到总线传送出去。若某一时刻同时有两个门的控制输入端为"0",也就是说两个三态门处于工作态,那么总线传送信息就会出错。

用三态门构成的双向总线。当控制输入信号 E/D 为"1"时,G1 三态门处于工作态,G2 三态门处于禁止态(也就是高阻状态),就将数据输入信号 D1 送到数据总线,当控制输入信号 E/D 为"0"电平时,G1 三态门处于禁止态,G2 三态门处于一工作态就将数据总线上的信号 D2 送到 D2。这样就可以通过改变控制信号 E/D 的状态,实现分时的数据双向传送。

四、TTL 门电器系列简介

为满足用户对提高工作速度和降低功耗这两方面的要求,继上述的标准 74 系列之后,又相继研制和生产了 74H 系列、74S 系列、74LS 系列、74AS 系列和 74ALS 系列等改进的 TTL 电路。现将这几种改进系列在电气特性上的特点分述如下。

(一)74H 系列

74H 系列又称高速系列。74H 系列门电路的平均传输延迟时间比标准 74 系列门电路缩短了一半,通常在 10ns 以内。

(二)74S 系列

74S 系列又称为肖特基系列。74 系列门电路的三极管导通时工作在深度饱和状态,是产生传输延迟时间的一个主要原因。如果能使三极管导通时避免进入深度饱和状态,那么传输延迟时间将大幅度减小。为此,在 74S 系列的门电路中,采用了抗饱和三极管(或称为肖特基三极管)。

由于 VT4 脱离了深度饱和状态,导致了输出低电平的升高(最大值可达到 0.5V 左右)。其次 74S 系列减小电路中电阻的阻值,也使得电路的功耗加大了。

(三)74LS 系列

性能比较理想的门电路应该是工作速度快,功耗小。然而缩短传输延迟时间和降低功耗对电路提出的要求往往是互相矛盾的,因此,只有用传输延迟时间和功耗的乘积(Delay Power Product,简称延迟、功耗积或 dp 积)才能全面评价门电路的性能的优劣。延迟—功耗积越小,电路的综合性能越好。为了得到更小的延迟—功耗积,在兼顾功耗与速度两方面的基础上又进一步开发了 74LS 系列,也称为低功耗肖特基系列。

(四)74AS 和 74ALS 系列

74AS 系列是为了进一步缩短传输延迟时间而设计的改进系列。它的电路结构与 74LS 系列相似,但是电路中采用了很低的电阻值,从而提高了工作速度。它的缺点是功耗较大,比 74 系列的还略大。

74ALS 系列是为了获得更小的延迟,功耗积而设计的改进系列,它的延迟功耗积是 TTL 电路所有系列中最小的一种。为了降低功耗,电路中采用了较高的电阻值。同时,通过改进生产工艺缩小了内部各个器件的尺寸,获得了减小功耗、缩短延迟时间的双重效果。此外,在电路结构上也做了局部的改进。

(五)54、54H、54S、54LS 系列

54 系列的 TTL 电路和 74 系列具有完全相同的电路结构和电气性能参数,所不同的是 54 系列比 74 系列的工作温度范围更宽,电源允许的工作范围也更大。74 系列的工作环境温度为 0～70℃,电源电压工作范围为 5V±5%;而 54 系列的工作环境温度为 -55～+125℃,电源电压工作范围为 5V±10%。

54H 与 74H、54S 与 74S 以及 54LS 与 74LS 系列的区别也仅在于工作环境温度与电源电压工作范围不同。

第九章　机床电气控制线路的故障排除

第一节　CA6140 车床电气控制电路维修

一、收集信息

CA6140 普通车床是加工多种类型工件的卧式车床,常用于加工工件的内外回转表面、端面和各种内外螺纹,采用相应的刀具和附件,可进行钻孔、扩孔、攻丝和滚花等。具有加工规格大、精度高、刚性强、噪声低、操作轻便、灵活等特点;床身导轨经中频淬火精磨,精度保持性高、适合硬质合金进行高速及强力切削。获取高的生产效率需要良好的性能。

(一)认识 CA6140 车床

CA6140 型普通车床的主要组成部件包括:主轴箱、进给箱、溜板箱、刀架、尾架、光杠、丝杠和床身。

主轴箱(又称床头箱)。主要任务是主电机旋转运动经过一系列的变速机构使主轴得到正反两种转向的不同转速,同时主轴箱分出部分动力传给进给箱。

主轴箱中主轴是车床的关键零件。主轴在轴承上运转的平稳性直接影响工件的加工质量,主轴的旋转精度降低,则机床的使用价值就会降低。

进给箱(又称走刀箱)。进给箱中装有进给运动的变速机构,调整其变速机构,可得到所需的进给量或螺距,光杠或丝杠将运动传至刀架以进行切削。

丝杠与光杆。用以连接进给箱与溜板箱,并把进给箱的运动和动力传给溜板箱,活顶尖板箱获得纵向直线运动。丝杠是专门用来车削各种螺纹而设置的,在进给工件的其他表面车削时,只用光杆,不用丝杠。

溜板箱。车床进给运动的操纵箱,光杆和丝杠的旋转运动是刀架直线运动的机构,光杆传动实现刀架的纵向进给运动、横向进给运动和快速移动,丝杠带动刀架作纵向直线运动,车削螺纹。

刀架。刀架部件由几层刀架组成,装夹刀具,使刀具作纵向、横向或斜向进给运动。尾座。安装做定位支撑用的后顶尖,也可安装钻头、铰刀等加工刀具进行孔加工。

床身。在床身上安装车床各个主要部件,使它们在工作时保持准确的相对位置。

(二)CA6140 常见电气故障检修分析

1.主轴电动机 M1 不能启动

①熔断器 RB 是否熔断。

②接触器 KM1 常闭触头是否吸合。

③按启动按钮 SB2,接触器 KM1 若未动作,如按钮 SB1、SB2 的触头接触不良,接触器线圈断线,就会导致 KM1 不能通电动作。

④按 SB2 后,若接触器吸合,但主轴电动机不能启动,故障在主线路,可依次检查接触器 KM1 主触点及三相电动机的接线端子等是否接触良好。

2.主轴电动机 M1 不能停转

①接触器 KM1 的铁芯面上的油污使铁芯不能释放或 KM1 的主触点发生熔焊。

②停止按钮 SB1 的常闭触点短路,应切断电源,清洁铁芯极面的污垢或更换触点,即可排除故障。

3.主轴电动机的运转不能自锁

当按下按钮 SB2 时,电动机能运转,松开按钮后电动机即停转,接触器 KM1 的辅助常开触头接触不良或位置偏移、卡阻现象引起的故障。

接触器 KM1 的辅助常开触点进行修整或更换即可排除故障。辅助常开触点的连接导线松脱或断裂也会使电动机不能自锁。

4. 刀架快速移动电动机不能运转

按点动按钮 SB3,接触器 KM3 未吸合,故障在控制线路中,检查点动按钮 SB3,接触器 KM3 的线圈是否断路。

(三)故障检修方法

1. 观察法

机床断电后处于静止状态,观察、检查,确认通电后不会造成故障扩大、方可给机床通电。在运行状态下,进行动态观察、检验和测试,查找故障。

2. 检测法

机床出现故障后,分析判断,断电后用仪表测量其质量参数,用万用表测量接触器线圈直流电阻值,正常情况下在几百欧左右,若出现无穷大,说明线圈已经开路;若电阻值很小,则说明线圈内部有局部短路,更换相同参数的线圈。

二、组织实施

(一)检修准备

1. 工具

工具:螺丝刀、尖嘴钳等;万用表、钳形电流表和兆欧表;熔断器、接触器、线材等。

2. 仪器设备

CA6140 车床。

3. 工作现场

工作场地空间充足,方便进行检修调试,工具、材料等准备到位。

4. 技术资料

CA6140 电气控制电路图。

(二)检修安全操作

①加强电气安全管理工作,防止发生触电事故,确保职工在生产过程

中的安全。

②在厂长、总工程师的领导下,指定有关业务部门主管电气安全工作、保证电气安全。

③从事电气工作必须严格遵守安全操作规程。

三、CA6140车床控制电路分析

(一)主电路分析

主电路中共有三台电动机,M1 为主轴电动机,用以实现主轴旋转和进给运动;M2 为冷却泵电动机;M3 为溜板快速移动电动机。M1、M2、M3 均为三相异步电动机,容量均小于 10KW,全部采用全压直接启动皆有交流接触器控制单向旋转。M1 电动机由启动按钮 SB1,停止按钮 SB2 和接触器 KM1 构成电动机单向连续运转控制电路。主轴的正反转由摩擦离合器改变传动来实现。M2 电动机是在主轴电动机启动之后,扳动冷却泵控制开关 SA1 来控制接触器 KM2 的通断,实现冷却泵电动机的启动与停止。由于 SA1 开关具有定位功能,不需自锁。M3 电动机由装在溜板箱上的快慢进给手柄内的快速移动按钮 SB3 来控制 KM3 接触器,从而实现 M3 的点动。操作时,先将快速进给手柄扳到所需移动方向,再按下 SB3 按钮,即实现该方向的快速移动。三相电源通过转换开关 QS1 引入,FU1 和 FU2 作短路保护。主轴电动机 M1 由接触器 KM1 控制启动,热继电器 FR1 为主轴电动机 M1 的过载保护。冷却泵电动机 M2 由接触器 KM2 控制启动,热继电器 FR2 为它的过载保护。溜板快速移动电机 M3 由接触器 KM3 控制启动。

(二)控制电路分析

控制回路电源由变压器 TC 次级绕组输出 110V 电压,FU3 作短路保护。

1. 主轴电动机的控制

按下启动按钮 SB2,接触器 KM1 的线圈得电动作,其主触头闭合,主轴电动机 M1 启动运行。同时 KM1 的自触头和另一副常开触头闭合。

按下停止按钮 SB1,主轴电动机 M1 停车。

2.冷却泵电动机控制

车削加工过程中,工艺需要使用冷却液时,合上开关 SA1,在主轴电动机 M1 运转情况下,接触器 KM2 线圈得电吸合,其主触头闭合,冷却泵电动机得电运行。只有当主轴电动机 M1 启动后,冷却泵电动机 M2 才有可能启动,当 M1 停止运行时,M2 也就自动停止。

3.溜板移动控制

溜板移动电动机 M3 的启动是由安装在进给操纵手柄顶端的按钮 SB3 来控制,它与中间继电器 KM3 组成点动控制环节。将操纵手柄扳到所需要的方向,压下按钮 SB3,继电器 KM3 得电吸合,M3 启动,溜板沿指定方向快速移动。

(三)照明、信号灯电路分析

控制变压器 TC 的次级绕组分别输出 24V 和 6V 电压,作为机床低压照明灯和信号灯的电源。EL 为机床的低压照明灯,由开关 SA 控制;HL 为电源的信号灯,采用 FU4 作短路保护。

第二节　X62W 型万能铣床电气故障维修

一、收集信息

铣床按照结构形式和加工性能的不同,可分为立式铣床、卧式铣床、龙门铣床、仿真铣床和专用铣床等。X62W 型万能铣床是通用的多用途机床,可用圆柱铣刀、圆片铣刀、角度铣刀、成型铁刀及端面铣刀等刀具对各种零件进行平面、斜面、螺旋面及成型表面的加工,还可加装万能铣刀分度头和圆工作台等机床附件来扩大加工范围。

(一)认识 X62W 型机床

X62W 型万能铣床的外形结构,它主要由床身、主轴、刀杆、悬梁、工作台、回转盘、横溜板、升降台、底座等几部分组成。在床身的前面有垂直导轨,升降台可沿着它上下移动。在升降台上面的水平导轨上,装有可在平行主轴轴线方向移动(前后移动)的溜板。溜板上部有可转动的回转盘,工作台在溜板上部回转盘的导轨上作垂直于主轴轴线方向移动(左右移动)。工作台上用 T 形槽用来固定工件。这样,安装在工作台上的工件就可以在三个坐标上的六个方向调整位置或进给。

铣床主轴带动铣刀的旋转运动是主运动,直接启动,启动时空载启动,时间较短,可直接启动;电源反接制动,铣刀是一种多刀多刃刀具,铣加工是一种断续性加工为了铣削时平稳些,速度不因不连续的铣削而波动,铁床轴上装有飞轮,停车时因飞轮惯性较大导致停车时间较长,采用电气制动停车;可逆运行,铣削加工一般有顺铣和逆铣两种形式,为了适应顺铣和逆铣两种铣削方式的需要,主轴电动机应能正、反转;异地控制,方便员工对机器的操作,应设置多个按钮实现机器的开与关;变速冲动:铣床在铣削加工时,铣刀直径、刀具进给量、工件材料及加工工艺都不同,因此主轴的转速也不同,而为使变速时变速齿轮易于啮合,减小齿轮端面的冲击,因此变速时应有低速冲动;铣床工作台的前后(横向)、左右(纵向)和上下(垂直)六个方向的运动是进给运动;铣床其他的运动,如工作台的旋转运动则属于辅助运动。

(二)X62W 电气控制电路

X62W 万能铣床电气控制,M1 是主轴电动机,在电气上实现启动控制与制动快速停转控制,完成顺铣与逆铣,需要正反转控制,主轴临时制动以完成变速操作过程。

M2 是工作台进给电动机,X62W 型万能铣床有水平工作台和圆形工作台,其中水平工作台可以实现纵向进给(有左右两个进给方向)、横向进给(有前后两个进给方向)、升降进给(有上下两个进给方向)、圆工作台转动四个运动,铣床当前只能进行一个进给运动(普通铣床上不能实现两个或以上多个进给运动的联动),通过水平工作台操作手柄、圆工作台转换开关、纵向进给操作手柄、十字复式操作手柄等选定,选定后 M2 的正反转就是所选定进给运动的两个进给方向。YA 是快速牵引电磁铁。当快速牵引电磁铁线圈通电后,牵引电磁铁通过牵引快速离合器中的连接控制部件,使水平工作台与快速离合器连接实现快速移动,当 YA 断电时,水平工作台脱开快速离合器,恢复慢速移动。

M3 是冷却泵电动机,在主轴电动机 M1 启动后,M3 冷却泵电动机才能启动。

(三)X62W 型万能铣床电气故障分析

1. 主轴停车时制动效果不明显或无制动

①速度继电器 KV 出现故障,速度继电器的两对动合触点不能正常闭合,按下停止按钮时,KM2 不能通电,因此不能实现反接制动。

②若出现制动效果不明显,可能是由于速度继电器复位弹簧过紧,使触点过早复位而将 KM2 线圈线路过早切断所致;也可能是由于转子永久磁铁磁性减弱,使触点过早复位所致。

③若接触器 KM2 触点接触不良,也会造成不能反接制动。当按下停止按钮 SB3 或 SB4 时,KM2 线圈若能吸合,说明速度继电器 KV 无问题,而是 KM2 触点有问题。

2. 主轴停车后产生短时反向旋转

速度继电器触点复位弹簧调整得过松,是触点复位分断过迟造成的,以致在反接的惯性作用下,电动机停止后,又会短时反向旋转。出现这种现象时,只需适当调节触电弹簧即可消除此故障。

3. 按停止按钮后主轴不停

主轴电动机启动、制动频繁,造成接触器 KM1 的主触点熔焊,以致无法分断电动机电源而造成的。

4. 变速冲动失灵

变速冲动失灵由于变速冲动开关 SQ7 或 SQ6 在频繁压合下,开关位置移动以致压不上,甚至开关底座被撞碎,或者冲动开关触点接触不良,都会使 KM2 或 KM3 无法通电,造成变速时无瞬时变速冲动。

5. 工作台控制电路故障

工作台向右、前、下三个方向运动时,电动机 M2 正转,向左、后、上三个方向运动时,电动机 M2 反转。若电动机 M2 朝某一个方向旋转,若能正转,不能反转,接触器 KM4 故障。若工作台能向左、右运动,但不能上下运动,SQ3 或 SQ4 压合不上,或是 SQ1 或是 SQ2 在纵向操作手柄扳回到中间位置后不能复位,动断触点不能闭合,或闭合后接触不良。有时,进给变速冲动开关 SQ6 损坏,也会使进给运动不能进行。在确定操纵手柄位置、圆台操作开关位置都正确,可检查接触器 KM3、KM4 是否随操作手柄的扳动而吸合,若能吸合,可断定控制回路正常。这时应检查电动机主回路,常见故障有接触器主触点接触不良,电动机接线脱落和绕组断路等。

6. 工作台不能快速移动

工作台在作进给运动时按下 SB5 或 SB6,工作台仍按原速度运动,而不能作快速运动,说明牵引电磁铁 YA 没起作用。若 KM5 无故障,则故障发生在 YA 上。常见的故障原因有 YA 线圈烧坏,线圈松动,接触不良或机械零件卡死等。若电磁铁吸合正常,则可能是杠杆卡死等机械故障。

二、组织实施

(一)检修准备

在检修前,准备装配调试工具、材料和仪器设备,并做好工作现场和技术资料的准备工作。

1. 工具

安装所需工具:螺丝刀、尖嘴钳;万用表、钳形电流表、兆欧表;熔断器、接触器等。

2. 设备

X62W 型万能铁床电气控制电路板。

3. 工作现场

工作场地空间充足,方便进行检修调试,工具、材料等准备到位。

4. 技术资料

X62W 万能铣床主电路图,X62W 型万能铁床控制电路图。

（二）检修要求安全操作

①加强电气安全管理工作，防止发生触电事故，确保职工在生产过程中的安全。

②在厂长、总工程师领导下，指定有关业务部门主管电气安全工作、保证电气安全。

③从事电气工作必须严格遵守安全操作规程。

三、X62W 型万能铣床控制电路分析

（一）主电路分析

①Ml 是主轴电动机，拖动主轴带动铣刀进行铣削加工，SA3 作为 M1 的换向开关。三相电源通过 FU1 熔断器，由电源隔离开关 QS 引入 X62W 型万能洗床的主电路。在主轴转动区中，FR1 是热继电器的加热元件，起过载保护作用。KM1 主触头闭合、KM2 主触头断开时，SA5 组合开关有顺铣、停、逆铣三个转换位置，分别控制 M1 主电动机的正转、停、反转。一旦 KM3 主触头断开，KM2 主触头闭合，则电源电流经 KM2 主触头、两相限流电阻 R 在 KS 速度继电器的配合下实现反接制动。与主电动机同轴安装的 KS 速度继电器检测元件对主电动机进行速度监控，根据主电动机的速度对接在控制线路中的速度继电器触头 KH、K& 的闭合与断开进行控制。

②M2 是进给电动机，通过操纵手柄和机械离合器的配合拖动工作台前后、左右、上下六个方向的进给运动和快速移动，正反转由接触器 KM3、KM4 实现。KM4 主触头闭合、KM5 主触头断开时，M2 电动机正转。反之，KM4 主触头断开、KM5 主触头闭合时，则 M2 电动机反转。M2 正反转期间，KM6 主触头处于断开状态时，工作台通过齿轮变速箱中的慢速传动路线与 M2 电动机相联，工作台作慢速自动进给；一旦 KM6 主触头闭合，则 YA 快速进给磁铁通电，工作台通过电磁离合器与齿轮变速箱中的快速运动传动路线与 M2 电动机相联，工作台作快速移动。

③M3 是冷却泵电动机,供应切削液,且当 M1 启动后 M3 才能启动,用手动开关控制。

④三台电动机共用熔断器 FU1 作短路保护,分别用热继电器 FR1、FR2、FR3 用作过载保护。

(二)控制电路分析

控制电路电源由控制变压器 TC 输出 127V 电压和 36V 交流电压。

1.主轴电动机 M1 控制

主轴电动机 M1 采用两地控制方式,KM1 是 M1 的启动接触器,YC 是主轴制动用的电磁离合器,SQ1 是主轴变速时瞬时位置开关。

①主轴电动机 M1 的启动:控制主轴的转速,再合上电源开关 QS1,把主轴换向开关 SA3(2 区)扳到所需的转向,按下启动按钮 SB1(或 SB2),接触器 KM1 线圈得电,KM1 主触点和自动触点闭合,M1 启动运转;KM1 动辅助触点(9~10)闭合,为工作台进给电机提供电源。

②主轴电动机 M1 的制动:按下停止按钮 SB5(或 SB6),SB5-1(SB6-1)动断触点(13 区)分断,接触器 KM1 线圈失电,电动机 M1 断电,SB5-2(SB6-2)动合触点(8 区)闭合,接通电磁离合器 YC1,主轴电动机 M1 制动停转。

③主轴换刀控制:主轴更换铣刀时,为避免主轴转动,需将主轴制动。将转换开关 SA1 扳向换刀位置,其动合触点 SA1-2(8 区)闭合,电磁离合器 YC1 线圈得电,主轴处于制动状态;同时动断触点 SA1-2(13 区)断开,切断控制电路,铣床停止运行。

④主轴变速时的瞬时点(冲动)控制:利用变速手柄与冲动位置开关 SQ1 通过机械上的联动机构实现的。变速时,先将变速手柄拉开,调整好主轴转速再将变速手柄推回。当变速手柄推回时,手柄通过机械装置瞬时断开,动合触点 SQ-1 瞬时压下位置开关 SQ1 后又松开,使其动断触点 SQ1-2 瞬时断开,动合触点 SQ1-1 瞬时闭合,接触器 KM1 瞬时得电,电动机瞬时启动,使齿轮顺利闭合。

2. 进给电机 M2 控制

进给电机 M2 控制工作台的进给运动在主轴启动后进行。工作台上下、左右、前后六个方向的进给运动是通过两个操纵手柄和机械联动机构控制相应的位置开关使进给电动机 M2 正转或反转实现的，并且六个方向的运动是联锁的。

①圆形工作台的控制。由转换开关 SA2 控制。当需要工作台时，将开关 SA2 扳至"接通"位置，这时触点 SA2－1 和 SA2－3(17 区)断开，SA2－2(18 区)闭合，电流经 10—13—14—15—20—19—17—18 使接触器 KM3 得电，电动机 M2 启动，带动圆形工作旋转，工作台 6 个方向不能进给；当不需要圆形工作台时，将开关 SA2 扳至"断开"位置，这时触点 SA2－1 和 SA2－3(17 区)闭合，SA2－2(18 区)断开，工作台 6 个方向进给正常，圆工作台不工作。

②工作台左右进给的控制。工作台的左右进给运动由左右进给操作手柄控制。操作手柄与位置开关 SQ5 和 SQ6 联动，有左、中、右三个位置。当手柄扳向中间位置时，位置开关 SQ5 和 SQ6 均未被压合，进给控制电路处于断开状态；当手柄扳向左或右的位置时，手柄压下位置开关 SQ5 和 SQ6，使动断触点 SQ5－2 或 SQ6－2(17 区)分段，动合触点 SQ5－1(17 区)或 SQ6－1(1 区)闭合，接触器 KM3 或 KM4 得电动作，电机动 M2 正转或反转，通过机械机构将动力传递到左右进给丝杠，拖动工作台向左或右运动。当工作台左右进给到极限位置时，安装在工作台向左或右运动，当工作台左右进给到极限位置时，安装在工作台两端的限位挡铁碰撞手柄连杆使手柄复位到中间位置，位置开关 SQ5 和 SQ6 复位，电动机的传动链与左右丝杠脱离，电动机 M2 停转，工作台停止进给，实现左右进给的终端保护。

③工作台上下和前后进给的控制。工作台的上下和前后进给运动由横向和垂直进给操作手柄控制，操作手柄与位置开关 SQ3 和 SQ4 联动，有上、下、前、后、中五个位置。当手柄扳向中间位置，位置开关 SQ3 和 SQ4 均未被压合，进给控制电路处于断开状态；当手柄扳向下或前位置

时,手柄压下位置开关 SQ3 使动段触电 SQ3－2(17 区)分段,动合触点 SQ3－1(17 区)闭合,接触器 KM3 得电动作,电动机 M2 正转,带动工作台向下或向前运动;当手柄扳向上或后位置时。手柄压下位置开关 SQ4 使动段触点 SQ4－2(17 区)分段,动合触点 SQ4－1(18 区)闭合,接触器 KM4 得电动作,电动机 M2 反转,带动工作台向上或向后运动。四个方向的进给运动是通过机械结构将电动机 M2 的传动链与不同的进给丝杠相搭合实现的。当手柄扳向下或向上时,电动机 M2 的传动链与上下进给丝杠相搭合;当手柄扳向前或后时,电动机 M2 的传动链与前后进给丝杠相配合。和左右进给一样,工作台在上、下、前、后四个方向上有挡铁实现终端保护。

④工作台六个方向进给的联锁控制。当两个操作手柄都扳在工作位置时,位置开关 SQ5(或 SQ6)和 SQ3(SQ4)均被压下,断开接触器 KM3 和 KM4 通路,电动机 M2 不得电,保证操作安全。

⑤进给变速时的瞬间点动控制:进给变速冲动由位置开关 SQ2 控制,进给变速时,将进给变速盘向外拉,选择好速度后,再将变速机构推进去,此时,位置开关 SQ2 控制被瞬间压下,使动断触点 SQ2－2 瞬时断开,动合触点 SQ2－1 瞬时闭合,接触器 KM3 瞬时闭合一下又断开,使电动机 M2 瞬时点动,进给齿轮便顺利啮合。

⑥工作台的快速移动控制。按下快速移动按钮 SB3 和 SB4,接触器 KM2 得电,KM2 动断触点(9 区)分段,电磁离合器 YC2 失电,将齿轮传动链与进给丝杠分离;KM2 两对动合触点闭合,一对使电磁离合器 YC3 得电,将电动机 M2 与进给丝杠直接搭合;另一对使接触 KM3 或 KM4 得电动作,电动机 M2 正转或反转,带动工作台快速移动。松开 SB3 或 SB4 快速移动停止。

3.冷却泵及照明电路的控制

主轴电动机 M1 和冷泵电动机 M3 采用顺序控制,只有主轴电动机 M1 启动后冷却泵电动机 M3 才能启动。冷泵电动机 M3 由组合开关 QS2 控制。

铣床照明由变压器 T1 供给 24V 的安全电压,由开关制 SA4 控制,熔断器 FU5 作照明电路的短路保护。

第三节 Z3050 摇臂钻床电气控制线路故障检修

一、收集信息

(一)认识 Z3050 摇臂钻床

摇臂钻床主要由底座、内外立座、摇臂、主轴箱和工作台组成。摇臂的一端为套筒,套筒在外立柱上,借助丝杠可沿外立柱上下移动。主轴箱安装在摇臂的水平轨上可通过手轮操作使其在水平导轨上沿摇臂移动。加工时根据工件高度的不同,摇臂借助于丝杠可带着主轴箱沿外立柱上下升降。在升降之前,应自动将摇臂松开,再进行升降,主轴箱摇臂当到达位置时,摇臂自动夹紧在立柱上。摇臂钻床钻削加工分为工作运动和辅助运动。工作运动包括主运动(主轴的旋转运动)和进给运动(主轴轴向运动);辅助运动包括:主轴箱沿摇臂的横向移动,摇臂的回转和升降运动。钻削加工时,钻头边旋转边作纵向进给。

(二)Z3050 常见电气故障检修分析

1. 主轴电动机无法启动

①电源总开关 QS 接触不良,需调整或更换。

②控制按钮 SB1 或 SB2 接触不良,需调整或更换。

③接触器 KM1 线圈断线或触点接触不良,需重接或更换。

④低压断路器的熔丝已断,应更换熔丝。

2. 摇臂不能升降

①行程开关 SQ2 的位置移动,摇臂松开后没有压下 SQ2。

②液压系统出现故障,摇臂不能完全松开。

③控制按钮 SB3 或 SB4 接触不良,需调整或更换。

④接触器 KM2、KM3 线圈断线或触点接触不良,重接或更换。

3.摇臂升降后不能夹紧

①行程开关 SQ3 的安装位置不当,需进行调整。

②行程开关 SQ3 发生松动而过早地动作,液压泵电动机 M3 在摇臂还未充分夹紧时就停止了旋转。

4.液压系统的故障

电磁阀芯卡住或油路堵塞,将造成液压控制系统失灵,需检查疏通。

二、组织实施

(一)检修准备

在检修前,准备装配调试工具、材料和仪器设备,并做好工作现场和技术资料的准备工作。

1.工具

安装所需工具:螺丝刀、尖嘴钳;万用表、钳形电流表、兆欧表;熔断器、接触器、线材等。

2.Z3050 型摇臂钻床设备

Z3050 型摇臂钻床电气控制电路板。

3.工作现场

工作场地空间充足,方便进行检修调试,工具、材料等准备到位。

4.技术资料

Z3050 钻床电气主电路图,Z305 电气控制电路图。

(二)检修安全操作

①加强电气安全管理工作,防止发生触电事故,确保职工在生产过程中的安全。

②在厂长、总工程师的领导下,指定有关业务部门主管电气安全工作、保证电气安全。

③从事电气工作必须严格遵守安全操作规程。

三、Z3050 电气控制电路分析

(一)主电路分析

Z3050 型摇臂钻床由 4 台电动机拖动,分别是主轴电动机 M1,摇臂升降电动机 M2,液压泵电动机(即松紧电机)M3,均采用接触器直接启动;冷却泵电动机 M4,采用开关直接启动。

①主轴电动机 M1。由交流接触器 KM1 控制,单方向旋转,正反转由机械手柄操作,M1 装在主轴箱顶部,带动主轴工作。

②升降电机 M2,装于主轴顶部,用接触器 KM2 和 KM3 控制,能实现正反面转动,摇臂升降由单独的一台电动机 M2 拖动。

③液压油泵电动机 M3,摇臂的移动按照摇臂松开→升降→摇臂夹紧的程序进行。因此,摇臂的松紧与摇臂升降按自动控制进行。摇臂的夹紧与放松以及立柱的夹紧与放松由一台松紧电动机 M3 配合液压装置(电磁阀 YA)来完成,要求这台电动机能正反转。根据要求采用点动控制。夹紧机构液压系统:安装在摇臂背后的电器盒下部,用以夹紧松开主轴箱、摇臂及立柱。主轴箱和立柱的松、紧是同时进行的,因此在操作过程中,电磁阀 YV 线圈不吸合,液压泵供出的压力油进入主轴箱和立柱的松开、夹紧油腔,推动松、紧机构实现主轴箱和立柱的松开、夹紧。

④冷却泵电动机 M4。在钻削加工时,对刀具及工件进行冷却,需要一台冷却泵电动机拖动冷却泵输送冷却液,由开关直接启动。

⑤其他。电路之间有保护和联锁装置以及安全照明、信号指示电路。

(二)控制电路分析

1. 主轴电动机 M1 的控制

按启动按钮 SB2,接触器 KM1 吸合并自锁,使主电动机 M1 启动运行,同时指示灯 HL3 亮,按停止按钮 SB1,接触器 KM1 失电,主轴电动机 M1 停止旋转,同时指示灯熄灭。

2. 摇臂升降控制

摇臂升降电动机 KM2,按钮 SB3、SB4 分别摇臂升降电动机上升下降的点动按钮,KM2、KM3 组成接触器双重连锁的正反转点动控制电路。

(1)摇臂上升

Z3050 型摇臂通常处于夹紧状态,按下上升点动按钮 SB3,时间继电器 KT 线圈得电,其动合触点 KT 闭合,接触器线圈 KM4 得电,其主触点 KM4 闭合,液压泵电动机 M3 正转;同时延时闭合触点 KT 闭合,电磁阀 YV 得电,摇臂开始松开。当摇臂松开后,行程开关 SQ2 释放,其动断触点 SQ2 断开,接触器 KM4 失电,液压泵电动机 M3 停转,液压泵停止供油;同时,其动合触点 SQ2 闭合,接触器就 KM2 得电,摇臂升降电动机 M2 正转,带动摇臂上升。当摇臂上升到所需位置时,松开 SB3,接触器 KM2 也和时间继电器 KT 的线圈失电,其主触点和动合触点断开,摇臂升降电动机 M2 停止转动,摇臂停止上升。时间继电器 KT 的线圈失电后,延时闭合触点 KT 延时 1～3s 后闭合,接触器 KM5 的线圈得电,液压泵电动机 M3 反转;同时,触点 KT 延时断开,由于 SQ3 已闭合,所以电磁阀 YV 仍得电,摇臂开始夹紧。当摇臂夹紧后,行程开关 SQ2 释放,行程开关 SQ3 动作,其动断触点断开,使接触器 KM5 的线圈失电,液压泵电动机 M3 停转,电磁阀 YV 失电复位。

(2)主轴箱、立柱

①主轴箱、立柱松开。按下松开按钮 SB5 接触器 KM4 的线圈得电,液压泵电动机 M3 正转,拖动液压泵,液压油液进入主轴箱、立柱的松开油腔,推动活塞,使主轴箱、立柱松开。此时,按钮 SQ4 不受压,动断触点 SQ4 闭合,指示灯 HL2 亮,表示松开。

②主轴箱、立柱的夹紧。到达需要位置后,按下夹紧按钮 SB6,接触器 KM5 线圈得电,液压泵电动机 M3 反转,拖动液压泵,液压油液进入主轴箱、立柱的夹紧油腔,推动活塞,使主轴箱、立柱夹紧;同时,按钮 SQ4

受压,动断触点 SQ4 断开,动合触点 SQ4 闭合,夹紧指示灯 HL3 亮。

(3)保护环节

低压断路器 QF1 对主轴电动机 M1 进行短路保护;低压断路器 QF2 对摇臂升降电动机 M2、液压泵电动机 M3 以及冷却泵电动机 M4 进行短路保护;低压断路器 QF3 对控制电路进行短路保护。热继电器 FR1 对主轴电动机 M1 进行过载保护,热继电器 FR2 对液压泵电动机 M3 进行过载保护。摇臂升降的极限位置通过行程开关 SQ1 来实现。当摇臂上升或下降到极限位置时相应触点动作,切断与其对应的上升接触器 KM2 或下降接触器 KM3,使摇臂升降电动机 M2 停转,摇臂停止升降,实现极限位置保护。

第四节　调试与检修 M7130 型平面磨床电气控制电路

磨床是利用砂轮的周边或端面对工件的外圆、内孔、端面、平面、螺纹及球面等进行磨削加工的一种精密加工设备。

一、M7130 型平面磨床概述

(一)磨床的定义和用途

磨床是一种利用磨具研磨工件的多余量,以获得所需形状、尺寸及精密加工面的工具机。大多数磨床使用高速旋转的砂轮进行磨削加工,少数使用油石、砂带等其他磨具和游离磨料进行加工。磨床能加工硬度较高的材料,也能加工脆性材料。磨床能进行高精度和表面粗糙度很小的磨削,也能进行高效率的磨削。磨削加工应用较为广泛,是机器零件精密加工的主要方法之一。

(二)磨床的分类

随着高精度、高硬度机械零件数量的增加,以及精密铸造和精密锻造工艺的发展,磨床的性能、品种和产量都在不断提高和增加。根据磨床的功能和作用,常见的磨床分类如下:

(1)外圆磨床:是普通型的基型系列,主要用于磨削圆柱形和圆锥形外表面的磨床。

(2)内圆磨床:是普通型的基型系列,主要用于磨削圆柱形和圆锥形内表面的磨床。

(3)坐标磨床:具有精密坐标定位装置的内圆磨床。

(4)无心磨床:工件采用无心夹持,一般支承在导轮和托架之间,由导轮驱动工件旋转,主要用于磨削圆柱形表面的磨床,例如轴承等。

(5)平面磨床:主要用于磨削工件平面的磨床。

(三)M7130 型磨床的主要结构

M7130 型磨床主要由机身、电磁吸盘、滑动座、滑动座挡板、砂轮、立柱、砂轮电动机、数显装置、供水系统等组成。

1.机身

机身是支承整台机器、支承机械部分运动的平台,是机床的重要组成部分,平面磨床除了供水系统不是安装在机身上,其余的所有组件都是安装在机身上,机身的大小、质量将直接影响整台机器的平稳性,这对平面磨床来讲是至关重要的。

2.电磁吸盘

电磁吸盘是平面磨床的主要部件,因为磨床的加工对象主要为钢材,利用电磁吸盘磁性吸铁的特性,就可以把工件紧紧固定在磁盘上,不用再进行其他复杂的装夹,从而可大大提高工件的装夹速度,电磁吸盘是磨床必须配置的主要部件。

3.滑动座

滑动座是能够让工件做水平往复运动的平台,也是对工件进行磨削的动力,它能否运动平稳和顺畅,将直接影响加工表面的质量、平面度、直线度和尺寸控制的精度等。滑动座作为水平往复运动的动力有两种,一种是手动,是通过人力摇动手柄来带动滑动座运动的,通常在小平面磨床上使用;另一种是机动,是通过机械动力来带动的,可以做自动往复运动和自动纵向进给运动,通常在大平面磨床上使用。

4. 滑动座挡板

滑动座挡板是与滑动座连在一起的,严格上讲它是滑动座的一个结构部位,不是一个部件,它的作用是,当工件因为在磨削力太大超过磁盘吸力而飞出时挡住工件,不让工件飞出伤人或损伤其他周边设备。

5. 砂轮

砂轮是磨床进行磨削加工的磨具,相当于铣床上的刀具,它是磨床上的主要部件之一,它的大小、磨粒尺寸将直接影响加工工件的表面质量、平面度、直线度和尺寸的精度,所以对砂轮的选择是一项非常重要的任务。

6. 立柱

用来调节砂轮高低上下运动的支架,也是砂轮座运动的轨道。

7. 砂轮电动机

提供砂轮运转的动力,在加工时它是跟着砂轮同步升降的。

8. 数显装置

数显装置是进行磨床加工时尺寸精度的保证,数显装置的现实精度为小数点后第三位,即显示微米级,可以同时显示 X、Y、Z 三轴的坐标尺,可以进行归零位、分中、R 角计算、斜度计算等,在进行复杂直纹面加工时,它是必备组件,没有它平面磨床的加工精度将受损。

9. 供水系统

在进行磨削加工时,因为砂轮高速磨掉钢材时会产生很高的温度,影响工件的精度。另一方面,在加工时灰尘很多,会影响加工的环境,损害周边的设备,也会损害操作员的身体健康,所以要进行水磨,让灰尘被水冲跑而无法飞扬,从而解决上述各项问题,所以供水系统也是平面磨床必备的组件之一。

二、M7130 型平面磨床工作原理

(一)磨床的磨削运动

平面磨床在加工工件过程中,砂轮的旋转运动是主运动,工作台往复运动为纵向进给运动,滑座带动砂轮箱沿立柱导轨的运动为垂直进给运动,砂轮箱沿滑座导轨的运动为横向进给运动。

工作时,砂轮旋转,同时工作台带动工件右移工件被磨削;然后工作台带动工件快速左移,砂轮向前作进给运动,工作台再次右移,工件上新的部位被磨削。这样不断重复,直至整个待加工平面都被磨削。

(二)电磁吸盘构造与原理

电磁吸盘是用来固定加工工件的一种夹具。与机械夹具比较,它具有夹紧迅速、操作快速简便、不损伤工件、一次能吸牢多个小工件,以及磨削中工件发热可自由伸缩、不会变形等优点。不足之处是只能吸住铁磁材料的工件,不能吸牢非磁性材料(如铝、铜等)的工件。电磁吸盘线圈通以直流电,使芯体被磁化,将工件牢牢吸住。

三、M7130 型磨床电气原理分析

(一)M7130 型磨床主电路分析

M7130 型磨床主电路由四台电动机(M1、M2、M3、M4)、四个接触器主触点(KM1、KM2、KM3、KM4)、三个热继电器(FR1、FR2、FR3)、一个熔断器(FU1)、转换开关 QS 和若干导线组成,其中四台电动机功能如下:

M1 为液压泵电动机,拖动工作台的往复运动,通过进给机构实现进给运动,该电动机由启停按钮控制,不需要正反转控制和调速,但需要过载保护。

M2 为砂轮电动机,拖动砂轮旋转;M3 为冷却泵电动机,提供冷却液。冷却泵电动机和砂轮电动机由启停按钮同步控制,这两个电动机也不需要正反转和调速,但均需要过载保护。

M4 为砂轮升降电动机,该电动机实现点动,需要正反转,但不需要过载保护。

(二)M7130 型磨床控制电路分析

M7130 型磨床控制电路由控制变压器 TC、三个熔断器、六个接触器线圈、整流器、电压继电器控制回路等组成。整流器可以将交流电整流成直流电,用于电磁吸盘的冲磁和去磁。

首先闭合 QS,系统上电后,电压继电器 KV 得电工作,其常开触点闭合,允许液压泵电动机和砂轮电动机工作。

1. 液压泵电动机的控制分析

启动控制:按下 SB3→KM1 线圈自锁得电→KM1 主触点闭合→M1得电运行;停机停止:按下 SB2→KM1 线圈失电→KM1 主触点断开→M1 失电停止运行。

2. 砂轮和冷却泵电动机控制分析

启动控制:按下 SB5→KM2 线圈自锁得电→KM2 主触点闭合→M2和 M3 得电运行;停机停止:按下 SB4→KM2 线圈失电→KM2 主触点断开→M2 和 M3 失电停止运行。

3. 砂轮升降电动机控制分析

砂轮上升:按下 SB6→KM4 线圈得电→KM4 主触点闭合→M4 正向运行;松开 SB6→M4 失电停止。

砂轮下降:按下 SB7→KM3 线圈得电→KM3 主触点闭合→M4 反向运行;松开 SB7→M4 失电停止。

4. 电磁吸盘充磁和去磁控制分析

电磁吸盘控制电路包括整流电路、控制电路和保护电路三个部分组成。

（1）整流电路。整流电路由控制变压器 TC 和单相桥式全波整流器 VC 组成，提供 110V 直流电源。

（2）控制电路。控制电路由按钮 SB8、SB9、SB10 和接触器 KM5、KM6 组成。

（3）保护电路。保护电路由熔断器 FU5、放电电阻 R、充电电容 C 及欠电压继电器 KV 组成。电阻 R 和电容 C 构成放电回路，当电磁吸盘在断电瞬间，由于电磁感应作用，将会在电磁吸盘两端产生一个很高的自感电动势，如果没有 RC 放电电路，电磁吸盘线圈及其他电器的绝缘将有被击穿的危险，通过电阻 R 和电容 C 放电，消耗电感的磁场能量。

四、机床电气维修基本方法——电压测量法

电路正常工作时，电路中各点的工作电压都有一个相对稳定的正常值或动态变化的范围。如果电路中出现开路故障、短路故障或元器件性能参数发生改变时，该电路中的工作电压也会跟着发生改变。所以用电压测量法就能通过检测电路中某些关键点的工作电压有或者没有、偏大或偏小、动态变化是否正常，然后根据不同的故障现象，结合电路的工作原理进行分析找出故障的原因。

（一）万用表电压测量法基本方法

常见的电压测量法有：电压分阶测量法、电压分段检测法和电压二分测量法。

1. 电压分阶测量法

电压分阶测量法是指使万用表一表笔（如黑表笔）不动，另一表笔（如红表笔）根据电路回路节点逐阶靠近固定不动的那个表笔进行电压测量，并根据测量数据进行故障分析和判断。按住 SB3 按钮不放，依次顺序测量电压 V1→V2→V3→V4→V5→V6，如测量结果为 V3 电压为 110V，V4 电压为 0V，则可判断 SB2 常闭按钮故障或 3、4 号线接线端子有开路，然后进行故障排除。

2. 电压分段检测法

电压分段检测法是指根据电路回路中的电气元件,用万用表两表笔依次对每段电气元件进行电压测量,并根据测量数据进行故障分析和判断。按住 SB3 按钮不放,依次顺序测量电压 V7→V8→V9→V10→V11→V12,如测量结果为 V11 电压为 110V,其他电压值均为 0V,则可判断 SB1 急停按钮故障或 2、3 号线接线端子有开路,然后进行故障排除。

3. 电压二分测量法

电压二分测量法是指将电路回路一分为二找到一个测量,如测量有电压值则可判断另一半电路是完好的,故障在被测电路范围内;电压值则可判断另一半电路有故障,被测电路完好;然后继续将故障电路一分为二进行测量,按如上方法进行测量和判断,直到找出故障点。按住 SB3 按钮不放,依次顺序测量电压 V13→V14→V15,如测量结果为 V13、V14 电压均为 110V,V15 电压为 0V,则可判断 FR1 热继电器常闭触点故障或 5、6 号线接线端子有开路,然后进行故障排除。

(二)电压测量法注意事项

(1)使用电压测量法检测电路时,必须先了解被测电路的情况、被测电压的种类、被测电压的高低范围,然后根据实际情况合理选择测量设备(例如万用表)的挡位,以防止烧毁测试仪表。

(2)测量前必须分清被测电压是交流还是直流电压,确保万用表红表笔接电位高的测试点,黑表笔接电位低的测试点,防止因指针反向偏转而损坏电表。

(3)使用电压测量法时要注意防止触电,确保人身安全。测量时人体不要接触表笔的金属部分。具体操作时,一般先把黑表笔固定,然后用单手拿着红表笔进行测量。

第五节 调试与检修 Z3040 型钻床电气控制电路

钻床指主要用钻头在工件上加工孔的机床。通常钻头旋转为主运动,钻头轴向移动为进给运动。钻床是具有广泛用途的通用性机床,可对零件进行钻孔、扩孔、铰孔、刮平面和攻螺纹等加工。

一、Z3040 型钻床基本概述

(一)钻床的定义和用途

钻床指主要用钻头在工件上加工孔的机床。通常钻头旋转为主运动,钻头轴向移动为进给运动。钻床结构简单,加工精度相对较低,加工过程中工件不动,让刀具移动,将刀具中心对正孔中心,并使刀具转动(主运动)。可对零件进行钻孔、扩孔、铰孔、刮平面和攻螺纹等加工,当钻床上配有工艺装备时,还可以进行镗孔。

(二)钻床的分类

根据用途和结构钻床主要分为以下几类:

1. 立式钻床

工作台和主轴箱可以在立柱上垂直移动,用于加工中小型工件。

2. 台式钻床

简称台钻,一种小型立式钻床,最大钻孔直径为 12～15mm,安装在钳工台上使用,多为手动进钻,常用来加工小型工件的小孔等。

3. 摇臂钻床

主轴箱能在摇臂上移动,摇臂能回转和升降,工件固定不动,适用于加工大而重和多孔的工件,广泛应用于机械制造中。

4. 深孔钻床

用深孔钻钻削深度比直径大得多的孔(如枪管、炮筒和机床主轴等零件的深孔)的专门化机床,为便于除切屑及避免机床过于高大,一般为卧式布局,常备有冷却液输送装置(由刀具内部输入冷却液至切削部位)及周期退刀排屑装置等。

5. 中心孔钻床

用于加工轴类零件两端的中心孔。

6. 铣钻床

工作台可纵横向移动,钻轴垂直布置,能进行铣削的钻床。

7. 卧式钻床

主轴水平布置,主轴箱可垂直移动的钻床。一般比立式钻床加工效率高,可多面同时加工。

(三)Z3040 型钻床的型号含义

根据 GB/T15375—94《金属切削机床型号编制方法》的规定,Z3040型钻床的型号含义如下:

内立柱固定在底座的一端,在它的外面套有外立柱,外立柱可绕内立柱回转 360°。摇臂的一端为套筒,它套装在外立柱做上下移动。由于丝杆与外立柱连成一体,而升降螺母固定在摇臂上,因此摇臂不能绕外立柱转动;只能与外立柱一起绕内立柱回转。主轴箱是一个复合部件,由主传动电动机、主轴和主轴传动机构、进给和变速机构、机床的操作机构等部分组成。主轴箱安装在摇臂的水平导轨上,可以通过手轮操作,使其在水平导轨上沿摇臂移动。

机床各主要部件的装配关系如下:

主轴安装在主轴箱坐落在、摇臂.套在外立柱套在内立柱固定底座、固定工作台、固定工件→表示用液压夹紧机构相联。

二、Z3040 型钻床的运动形式与控制要求

摇臂钻床电气拖动特点及控制要求如下:

(1)摇臂钻床运动部件较多,为了简化传动装置,采用多台电动机拖动。Z3040 型摇臂钻床采用 4 台电动机拖动,他们分别是主轴电动机、摇臂升降电动机、液压泵电动机和冷却泵电动机,这些电动机都采用直接启动方式。

(2)为了适应多种形式的加工要求,摇臂钻床主轴的旋转及进给运动有较大的调速范围,一般情况下多由机械变速机构实现。主轴变速机构

与进给变速机构均装在主轴箱内。

（3）摇臂钻床的主运动和进给运动均为主轴的运动，因此这两项运动由一台主轴电动机拖动，分别经主轴传动机构、进给传动机构实现主轴的旋转和进给。

（4）在加工螺纹时，要求主轴能正反转。摇臂钻床主轴正反转一般采用机械方法实现。因此主轴电动机仅需要单向旋转。

（5）摇臂升降电动机要求能正反向旋转。

（6）内外主轴的夹紧与放松、主轴与摇臂的夹紧与放松可用机械操作、电气—机械装置、电气—液压或电气—液压—机械等控制方法实现。若采用液压装置，则需备有液压泵电动机，拖动液压泵提供压力油，液压泵电动机要求能正反向旋转，并根据要求采用点动控制。

（7）摇臂的移动严格按照摇臂松开→移动→摇臂夹紧的程序进行。因此摇臂的夹紧与摇臂升降按自动控制进行。

（8）冷却泵电动机带动冷却泵提供冷却液，要求单向旋转。

（9）具有连锁与保护环节以及安全照明、信号指示电路。

三、Z3040 型钻床电气原理图分析

（一）Z3040 型钻床主电路分析

Z3040 型钻床主电路由四台电动机（M1、M2、M3、M4）、五个接触器主触点（KM1、KM2、KM3、KM4、KM5）、两个热继电器（FR1、FR2）、两个熔断器（FU1、FU2）、两个转换开关（QS1、QS2）和若干导线组成，其中四台电动机功能如下：

M1 为冷却泵电动机，用于机床加工时注射冷却液，该电动机由转换开关 QS2 控制，不需要正反转控制和调速，不需要过载保护。

M2 为主轴电动机，拖动钻头旋转运动，该电动机由启停按钮控制，不需要正反转控制和调速，但需要过载保护。

M3 为摇臂升降电动机，拖动摇臂上升和下降，由按钮和行程开关控

制,该电动机需要正反转,但不需要调速,不需要过载保护。

M4 为液压泵电动机,用于主轴箱立柱的夹紧和松开,由按钮和行程开关控制,该电动机需要正反转,需要过载保护,但不需要调速。

(二)Z3040 型钻床控制电路分析

Z3040 型钻床控制电路由控制变压器 TC、指示灯、照明灯、三个熔断器、五个接触器、一个断电延时时间继电器、一个电磁阀等电气元件组成。

1.冷却泵电动机的控制分析

启动控制:旋转 QS2→M1 得电运行;

停机停止:回旋 QS2→M1 失电停止运行。

2.主轴电动机的控制分析

启动控制:按下 SB2→KM2 线圈自锁得电→KM2 主触点闭合→M2 得电运行;

停机停止:按下 SB1→KM2 线圈失电→KM2 主触点断开→M2 失电停止运行。

3.摇臂升降电动机和液压泵电动机控制分析

摇臂的上升和下降控制通过摇臂升降电动机和液压泵电动机顺序动作控制实现。

摇臂上升动作过程:主轴箱立柱松开→摇臂上升→主轴箱立柱夹紧

摇臂下降动作过程:主轴箱立柱松开→摇臂下降→主轴箱立柱夹紧

(1)主轴箱立柱松开控制过程。

(2)摇臂上升控制过程。

按住上升按钮 SB3 主轴箱立柱松开到位碰到 SQ2 引起动作。SQ2 常闭触点断开→KM4 失电→主轴箱立柱停止松开

SQ2 常开触点闭合→KM2 得电→摇臂上升

(3)摇臂下降控制过程。

按住上升按钮 SB4 主轴箱立柱松开到位碰到 SQ2 引起动作。SQ2 常闭触点断开→KM4 失电→主轴箱立柱停止松开

SQ2 常开触点闭合→KM3 得电→摇臂下降

（4）主轴箱立柱夹紧控制过程。

摇臂上升到位后，松开 SB3，KM2 失电，摇臂停止上升，KT 失电；或摇臂下降到位后，松开 SB4，KM3 失电摇臂停止下降，KT 失电。

主轴立柱箱夹紧和松开是由液压泵电动机 M4 和电磁阀配合控制进行，YV 得电，液压泵电动机 M4 正转，正向供出压力油进入摇臂的松开油腔，推动活塞和菱形块，使摇臂松开；YV 失电，液压泵电动机 M4 反转，则反向供出压力油进入摇臂的夹紧油腔，推动活塞和菱形块，使摇臂夹紧。

4. 照明与指示电路分析

EL 为照明灯，由 SA 开关控制；

HL1 为立柱箱松开指示灯，由 SQ4 常闭触点控制；HL2 为立柱箱夹紧指示灯，由 SQ4 常开触点控制；

HL3 为主轴电动机运行指示灯，由 KM1 常开触点控制；四、机床电气维修基本方法——电阻测量法

利用万用表电阻挡来测量电路中各点电阻值进而判断故障点的方法称为电阻测量法，常见的电阻测量法有：电阻分阶测量法、电阻分段检测法和电阻二分法。

（1）电阻分阶测量法

电阻分阶测量法是指使万用表一表笔（如黑表笔）不动，另一表笔（如红表笔）根据电路回路节点逐阶靠近固定不动的那个表笔进行测量，并根据测量数据进行故障分析和判断。断开变压器一个输出端，按住 SB3 按钮不放，依次顺序测量电阻 $R_1 \rightarrow R_2 \rightarrow R_3 \rightarrow R_4 \rightarrow R_5 \rightarrow R_6$，如测量结果为 R_4 电阻为，R_3 电阻为 00，则可判断 SB2 常闭按钮故障或 3、4 号线接线端子有开路，然后进行故障排除。

（2）电阻分段检测法

电阻分段检测法是指根据电路回路中的电气元件，将万用表两表笔

依次对每段电气元件进行电阻测量,并根据测量数据进行故障分析和判断。按住 SB3 按钮不放,依次顺序测量电阻 R_7→R_8→R_9→R10→R_1→R12,如测量结果为 R_7 电阻为 500Ω(注:该电阻阻值为接触器线圈电阻值),R_1 电阻为,其他电阻均为 0Ω,则可判断 SB1 急停按钮故障或 2、3 号线接线端子有开路,然后进行故障排除。

(3)电阻二分法

电阻二分法是指将电路回路一分为二找到一个节点进行测量,如测量电阻为 0Ω,则可判断被测电路完好,故障在另一半电路中;如测量电阻值为,则可判断故障在被测电路中,但不能肯定另一半电路是完好的;然后继续将故障电路一分为二进行测量,按如上方法进行测量和判断,直到找出故障点。断开变压器一个输出端,按住 SB3 按钮不放,依次顺序测量电阻 R_{13}→R_{R14}→R_{15},如测量结果为 R_{13}、R_{14} 电阻均为 0,R_{15} 电阻为 500Ω,则可判断 FR1 热继电器常闭触点故障或 5、6 号线接线端子有开路,然后进行故障排除。

第六节　调试与检修 T68 型卧式镗床电气控制电路

镗床是一种精密加工设备,主要用于加工精度要求高的孔或者孔与孔间距要求精确的工件,即主要用来进行钻孔、扩孔、铰孔和镗孔,并能进行铣削端平面和车削螺纹等加工,因此,镗床的加工范围非常广泛。

一、T68 型镗床基本概述

(一)镗床的定义和用途

镗床是用镗刀对工件已有的孔进行镗削的机床,使用不同的刀具和附件还可进行钻削、铣削、加工螺纹及外圆和端面等。通常,镗刀旋转为主运动,镗刀或工件的移动为进给运动。

(二)镗床的分类

根据镗床的结构和功能,镗床可以分为卧式镗床、坐标镗床、金刚镗床、深孔钻镗床和落地镗床等。

(三)T68 型镗床的主要结构

T68 型卧式镗床主要由床身、前立柱、镗头架、后立柱、尾座、下溜板、上溜板、工作台等部分组成。

镗床的床身是一个整体的铸件,在它的一端固定有前立柱,在前立柱的垂直导轨上装有镗头架,镗头架可沿垂直导轨上下移动。镗头架里集中装有主轴、变速器、进给箱和操纵机构等部件。切削工具一般安装在镗轴前端的锥形孔里,或装在花盘的刀具溜板上。在切削过程中,镗轴一面旋转,一面沿轴向作进给运动,而花盘只能旋转,装在它上面的刀具溜板可作垂直于主轴轴线方向的径向进给运动,镗轴和花盘轴分别通过各自的传动链传动,因此可以独立运动。

在床身的另一端装有后立柱,后立柱可沿床身导轨在镗轴轴线方向调整位置。后立柱导轨装有尾座,用来支撑镗杆的末端,尾座与镗头架同时升降,以保证两者的轴心在同一水平线上。

安装工件的工作台安置在床身中部的导轨上,可以借助上、下溜板作横向和纵向水平移动,工作台相对于上溜板可作回转运动。

二、T68 型镗床的运动形式与控制要求

T68 型镗床的加工范围广,运动部件多,调速范围宽,它的运动形式主要有:主运动、进给运动和辅助运动,各种运动形式的控制要求如下。

主运动:镗轴和平旋盘的旋转运动。

进给运动:镗轴的轴向进给,平旋盘刀具溜板的径向进给,镗头架的垂直进给,工作台的纵向进给和横向进给。

辅助运动:工作台的回转,后立柱的轴向移动,尾座的垂直移动及各

部分的快速移动等。

T68 型镗床运动对电气控制电路的要求：

(1)主运动与进给运动由一台双速电动机拖动,高低速可选择;

(2)主电动机用低速时,可直接启动,但用高速时,则由控制线路先启动到低速,延时后再自动转换到高速,以减少启动电流;

(3)主电动机要求正反转以及点动控制;

(4)主电动机应设有快速准确的停车环节;

(5)主轴变速应有变速冲动环节;

(6)快速移动电动机采用正反转点动控制方式;

(7)进给运动和工作台水平移动两者只能取一,必须有互锁。

三、T68 型镗床电气原理图分析

(一)T68 型镗床主电路分析

T68 型镗床主电路由两台电动机(M1、M2)、七个接触器主触点(KM1、KM2、KM3、KM4、KM5、KM6、KM7)、一个热继电器(FR1)、两个熔断器(FU1、FU2)、转换开关 QS 和导线组成。其中两台电动机功能如下。

M1 为主轴电动机,拖动主轴旋转,该电动机采用一台双速电动机,可以实现低速和高速两种速度运行。该电动机由启停按钮控制,需要反接制动控制和调速,需要过载保护。

M2 为快速移动电动机,该电动机采用一台三相交流异步电动机,需要正反转控制,不需要调速,不需要过载保护。

(二)T68 型镗床控制电路分析

T68 型镗床控制电路由控制变压器 TC、指示灯、照明灯、三个熔断器、七个接触器线圈、一个通电延时时间继电器等组成。

1.主轴电动机的控制分析

(1)主轴低速运行。

SQ1 为主轴变速开关,将其拨到低速挡。

SQ1 为主轴变速开关,将其拨到高速挡。

2. 快速移动电机的控制分析

T68 型镗床主轴箱具有升降、横向和纵向六个方向进给运行,主轴箱六个方向的进给运行由快速移动电动机和机械传动机构共同驱动。

(1)将进给转换开关打到"升降"挡。

拨动 SQ6→KM6 得电→快速移动电动机正向运行→主轴箱上升;

拨动 SQ5→KM7 得电→快速移动电动机反向运行→主轴箱下降。

(2)将进给转换开关打到"横向"挡。

拨动 SQ6→KM6 得电→快速移动电动机正向运行→主轴箱右移;

拨动 SQ5→KM7 得电→快速移动电动机反向运行→主轴箱左移。

(3)将进给转换开关打到"纵向"挡。

拨动 SQ6→KM6 得电→快速移动电动机正向运行→主轴箱前进;

拨动 SQ5→KM7 得电→快速移动电动机反向运行→主轴箱后退。

3. 照明与指示电路分析

EL 为照明灯,由 SA 开关控制;

HL1 为主轴电动机正向高速运行指示灯,由 KM1 和 KM4 常开触点控制;

HL2 为主轴电动机反向高速运行指示灯,由 KM2 和 KM5 常开触点控制;

HL3 为主轴电动机正向低速运行指示灯,由 KM1 和 KM3 常开触点控制;

HLA 为主轴电动机反向低速运行指示灯,由 KM2 和 KM3 常开触点控制;

HL5 为快速移动电动机反向移动运行指示灯,由 KM7 常开触点控制;

HL6 为快速移动电动机正向移动运行指示灯,由 KM6 常开触点控制。

参考文献

[1]刘进英,董涛.电气线路安装与调试[M].北京:北京理工大学出版社,2021.

[2]范次猛.电气控制技术基础[M].北京:北京理工大学出版社,2021.

[3]宋庆烁,刘清平.工厂电气控制技术(第二版)[M].北京:北京理工大学出版社有限责任公司,2021.

[4]沈倪勇.电气工程技术实训教程[M].上海:上海科学技术出版社,2021.

[5]李鸿儒,梁岩.电气控制与S7-1500PLC应用技术[M].北京:机械工业出版社,2021.

[6]崔富义,戴亮丰.电梯电气原理与控制技术[M].北京:北京理工大学出版社,2021.

[7]吴汉美,邓芮.安装工程计量与计价[M].重庆:重庆大学出版社,2021.

[8]蒋召杰,单均镇.气动系统装调与PLC控制[M].北京:机械工业出版社,2021.

[9]赵雷,李波.自动线安装与调试[M].成都:西南交通大学出版社,2020.

[10]刘永阔.压水堆核岛主系统安装与调试[M].哈尔滨:哈尔滨工程大学出版社,2020.

[11]宋嘎,陈恒超.数控机床安装与调试[M].北京:北京理工大学出版社,2020.

[12]孙在松,刘加利.液压气动系统安装与调试[M].北京:北京理工大学出版社,2020.

[13]刘朝华.西门子 840D/810D 数控系统安装与调试[M].北京:机械工业出版社,2020.

[14]李会英,江丽.电气控制与 PLC[M].北京:北京交通大学出版社,2020.

[15]孙楠.城市轨道交通供电系统调试试验技术[M].北京:中国铁道出版社,2020.

[16]李大明,夏继军.电机与电气控制技术(第二版)[M].武汉:华中科学技术大学出版社,2020.

[17]王晓瑜.电气控制与 PLC 应用技术[M].西安:西北工业大学出版社,2020.

[18]胡翠娜,黄汉军.电气部件与组件的安装与调试[M].上海:上海科学技术出版社,2019.

[19]李小龙,朱胜昔.机床电气线路的安装与调试(高职)[M].西安:西安电子科技大学出版社,2019.

[20]刘树青,吴金娇.数控机床电气设计与调试[M].北京:机械工业出版社,2019.

[21]陈永刚.自动化生产线安装与调试[M].上海:上海交通大学出版社,2019.

[22]王荣华.自动化生产线安装与调试[M].武汉:华中科技大学出版社,2019.

[23]单侠芹.自动化生产线安装与调试[M].北京:北京理工大学出版社,2019.

[24]李长明.电梯安装调试技术手册[M].北京:机械工业出版社,2019.

[25]张祁,葛华江.自动化生产线安装与调试[M].北京:中国铁道出版社,2019.

[26]杨征,韩慧敏.电气控制与 PLC 应用[M].北京:中国纺织出版社,2019.

[27]陈家文,秦忠.常用设备的电气安装、调试与检修[M].北京:北京理

工大学出版社,2018.

[28]荆瑞红,陈友广.电气安装规划与实施[M].北京:北京理工大学出版社,2018.

[29]战崇玉,杨红霞.自动化生产线安装与调试[M].武汉:华中科技大学出版社,2018.

[30]杨一平,穆亚辉.电力系统安装与调试[M].哈尔滨:哈尔滨工程大学出版社,2018.

[31]周亚军,张卫.电气控制与 PLC 原理及应用(第二版)[M].西安:西安电子科技大学出版社,2018.

[32]陈顺岗.电气控制技术与应用[M].北京:机械工业出版社,2018.

[33]张宏伟.PLC 电气控制技术[M].徐州:中国矿业大学出版社,2018.

[34]王浔.机电设备电气控制技术[M].北京:北京理工大学出版社,2018.

[35]汤晓华,蒋正炎.现代电气控制系统安装与调试[M].北京:中国铁道出版社,2017.